高职高专"十三五"规划教材

液压与气压控制（项目化教程）

武艳慧 党 华 王 京 主 编

刘敏丽 主审

化学工业出版社

·北京·

本书立足于"教、学、做"一体化教学方式，在项目设计上突出液压与气压控制技术的实践性和实用性，采用项目引领、任务驱动的编写方式。

　　本书分为两篇。第一篇为液压控制部分，设计了 8 个教学项目：项目一液压系统的建立与工作介质分析，项目二液压泵的识别与应用，项目三液压缸的识别与应用，项目四液压辅助元件的识别与应用，项目五方向控制阀的识别与应用，项目六压力控制阀的识别与应用，项目七流量控制阀的识别与应用，项目八液压系统分析；第二篇为气压控制部分，设计了 3 个教学项目：项目九气动系统的建立与工作介质分析，项目十气动元件的识别与应用，项目十一机械手气动系统分析。每个项目都选取具有代表性的典型机械设备为载体。

　　本书突出了工程实用性，内容翔实，图文并茂，可作为高职高专院校机电类专业的教材，也可作为成人教育、职业培训和中等职业学校机电类专业教材。

图书在版编目（CIP）数据

液压与气压控制（项目化教程）/武艳慧，党华，王京主编 . —北京：化学工业出版社，2017.1
高职高专"十三五"规划教材
ISBN 978-7-122-28719-9

Ⅰ.①液… Ⅱ.①武…②党…③王… Ⅲ.①液压传动-高等职业教育-教材②气压传动-高等职业教育-教材
Ⅳ.①TH137②TH138

中国版本图书馆 CIP 数据核字（2016）第 303725 号

责任编辑：王听讲　　　　　　　　　　文字编辑：张绪瑞
责任校对：边　涛　　　　　　　　　　装帧设计：关　飞

出版发行：化学工业出版社（北京市东城区青年湖南街 13 号　邮政编码 100011）
印　　装：三河市延风印装有限公司
787mm×1092mm　1/16　印张 11　字数 276 千字　2017 年 3 月北京第 1 版第 1 次印刷

购书咨询：010-64518888（传真：010-64519686）　售后服务：010-64518899
网　　址：http://www.cip.com.cn
凡购买本书，如有缺损质量问题，本社销售中心负责调换。

定　　价：26.00 元

本书编审人员名单

主　编：武艳慧　党　华　王　京

副主编：刘　芳　陈小江　孟超平　高桂云　王　霞

参　编：陈自力　关海英　王景学　石银业　贺鹏雄　金永生

主　审：刘敏丽

前　言

教材是课程内容和课程体系的知识载体，对课程改革与建设起着决定性的推动作用。为了深入贯彻教育部教学改革精神，配合骨干校建设中的课程改革和教材建设，内蒙古机电职业技术学院组织专业教师和企业技术人员，共同编写了本书。

本书编写人员通过深入企业充分调研，对机电类岗位和典型工作任务进行了细致分析，本书内容以典型液、气压控制机械为载体，融入液压与气压控制相关知识点和技能点，形成由浅至深、由易到难的学习训练体系，体现了知识点与工作任务相结合、理论学习与技能训练相结合的职业教育特点。　具体特点如下：

1. 突出液压与气压控制课程的实践性和实用性，按照项目引领、任务驱动的教学模式建立教材体系。

2. 以培养学生的实践技能为目的，注重实际应用，用理论指导实践，提高学生解决实际工作问题的能力。

3. 按照教学规律和学生的认知规律精选教材内容，知识点的选取针对工程实际中遇到的问题，具有较高的工程实用性。

4. 本书采用任务配备相关项目的形式，加深学生对理论知识的理解，在工作过程中培养学生的独立学习能力和团队协作能力。

5. 为了满足毕业"双证书"要求，本教材所设任务、项目，均与国家职业标准机械类职业岗位典型工种要求对接，以利于高职教育"双证书制"的贯彻落实。

本书分为两篇。　第一篇为液压控制部分，设计了8个教学项目；第二篇为气压控制部分，设计了3个教学项目。　为便于理实一体化教学的实施与专业知识的巩固，每个项目设有项目描述、项目目标、相关知识、知识拓展、任务实施、巩固练习。

本书由内蒙古机电职业技术学院武艳慧、党华和王京主编；由内蒙古机电职业技术学院机电工程系主任刘敏丽教授主审。　第一篇项目一由武艳慧编写，项目二由党华和内蒙古大学的陈自力共同编写，项目三由内蒙古机电职业技术学院刘芳编写，项目四由内蒙古机电职业技术学院陈小江编写，项目五由内蒙古机电职业技术学院孟超平编写，项目六由内蒙古机电职业技术学院高桂云编写，项目七由内蒙古机电职业技术学院王霞编写，项目八由武艳慧和陈小江共同编写；第二篇项目九由陈小江编写，项目十由武艳慧、刘芳、孟超平、高桂云、王霞共同编写，项目十一由内蒙古机电职业技术学院王京编写。　参与本书编写工作的还有内蒙古机电职业技术学院关海英和王景学、内蒙古水利水电勘测设计院石银业、内蒙古昆明卷烟有限责任公司贺鹏雄、内蒙古蒙牛乳业(集团)股份有限公司金永生。　全书由武艳慧统稿，武艳慧、党华校核。

本书在编写过程中得到了学校和企业相关人员的大力支持和帮助，在此表示衷心的感谢！　由于编者水平有限，书中难免有不妥之处，恳请广大使用者批评指正。

编者

目　录

第一篇　液压控制部分

项目一　液压系统的建立与工作介质分析

【项目描述】

液压传动以液体为工作介质进行能量的传递和转换，以实现各种机械传动和自动控制。本项目通过对典型机械设备液压系统的建立和工作介质分析，研究液压传动与控制系统的组成与基本工作原理、工作介质的物理性质，以及选用原则等内容，为液压系统的使用与维护奠定基础。

【项目目标】

知识目标：

① 掌握液压传动工作原理和液压系统的组成；

② 了解液压油的主要物理性质；

③ 掌握液压油的类型和选用原则；

④ 了解液压冲击和空穴现象；

⑤ 掌握液体静力学和动力学规律；

⑥ 了解孔口流量特性。

能力目标：

① 能够说明液压系统的组成与工作过程；

② 能够合理选择液压油的类型；

③ 能够根据工作要求合理选择液压油的牌号。

【相关知识】

一、液压系统的建立

（一）液压传动的工作原理

液压传动的工作原理，可以用一个液压千斤顶的工作原理来说明。

如图 1-1 所示，压下杠杆 1 时，小活塞 2 向下移动，小液压缸 3 输出压力油，此过程是将机械能转换成油液的压力能；压力油经过管道及单向阀 5 进入大液压缸 6，推动大活塞 7 举起重物 8，此过程是将油液的压力能又转换成机械能。

由上例可见，液压传动是以液体为传动介质，利用液体的压力能来实现运动和动力传递的一种传动形式。液压缸内压力 p 的大小是由外负载 G 决定；大液压缸活塞上升的速度是

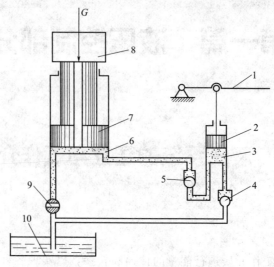

图 1-1　液压千斤顶的工作原理图

1—杠杆；2—小活塞；3—小液压缸；4,5—单向阀；6—大液压缸；

7—大活塞；8—重物；9—放油阀；10—油箱

由单位时间内进入大液压缸液体体积多少，即流量所决定的。

（二）磨床工作台液压系统分析

图 1-2(a) 所示为简化了的机床工作台液压传动系统图。它由液压泵、溢流阀、换向阀、节流阀、液压缸、油箱、过滤器及连接这些元件的油管、接头等组成。

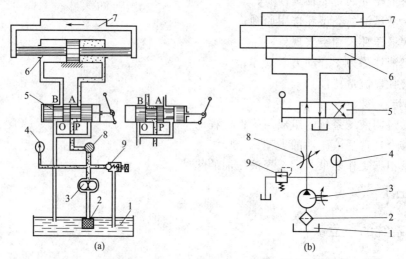

图 1-2　磨床工作台液压传动系统图

1—油箱；2—过滤器；3—液压泵；4—压力表；5—换向阀；

6—液压缸；7—工作台；8—节流阀；9—溢流阀

该系统的工作原理是：电动机驱动液压泵 3 旋转，液压泵输出的压力油经节流阀 8、换向阀 5 进入液压缸 6 的右腔，推动活塞使工作台 7 向左运动；这时液压缸左腔的油液经换向阀 5 回到油箱；如换向阀 5 换向，压力油则经换向阀 5 进入液压缸 6 的左腔，推动活塞使工作台向右运动，并使液压缸 6 右腔的油液经换向阀 5 流回油箱。

工作台的运动速度由节流阀 8 调节，改变节流阀 8 开口大小，可以改变进入液压缸液压油流量，从而控制工作台移动速度，多余油液经溢流阀 9 流回油箱。调节溢流阀弹簧的预压力就能调整液压泵出口的油液压力。由于系统的最高工作压力不会超过溢流阀的调定值，所以溢流阀对系统起到过载保护作用。

一个完整的能够正常工作的液压系统，应该由以下五个主要部分组成。

（1）动力元件：供给液压系统压力油，把机械能转换成液压能的装置。最常见的形式是液压泵。

（2）执行元件：把液压能转换成机械能的装置。其形式有作直线运动的液压缸，有作回转运动的液压马达。

（3）控制调节元件：对系统中的压力、流量或流动方向进行控制或调节的装置。如溢流阀、节流阀、换向阀等。

（4）辅助元件：除上述三部分之外，保证系统正常工作时必不可少的装置，例如油箱、滤油器、油管、管接头、压力表等。

（5）工作介质：传递能量的流体，即液压油等。

（三）液压传动系统图的图形符号

图 1-2(a) 所示的液压传动系统图，是一种半结构式的工作原理图，称为结构原理图。这种结构原理图直观性强、容易理解，但绘制起来比较麻烦，为了简化原理图的绘制，我国制定了一套液压图形符号标准（GB/T 786.1—2009），称这种图形符号为职能符号，系统中各元件可用符号表示。该标准规定，这些符号只表示元件的职能、控制方式以及外部连接口，不表示元件的具体结构和参数，并且各符号所表示的都是相应元件的静止位置或零位置。图 1-2(b) 为用职能符号表示的机床工作台液压系统图，绘制、分析、设计都更加方便。如有些液压元件无法用职能符号表示，仍可采用结构示意图。GB/T 786.1—2009 液压图形符号见本书附录。

（四）液压传动的优缺点

1. 液压传动的优点

（1）单位功率的重量轻，即在输出同等功率的条件下，体积小、重量轻、惯性力小、结构紧凑等。

（2）执行元件运动平稳，反应快，冲击小，能快速启动、制动和频繁换向。

（3）易于实现无级调速，而且调速范围大。

（4）易于实现自动化，当机、电、液配合使用时，易于实现较复杂的自动工作循环。

（5）易于实现过载保护，同时可以自行润滑，故元件的使用寿命长。

（6）由于液压元件已实现了标准化、系列化和通用化，所以液压系统的设计、制造和使用都比较方便，另外液压元件可以根据需要方便、灵活的来布置。

2. 液压传动的主要缺点

（1）由于液压油的泄漏和可压缩性，导致液压传动不能保证严格的传动比。

（2）液压系统能量损失较大，如摩擦损失、泄漏损失等，故不易于远距离传动。

（3）液压传动性能对温度变化比较敏感，因此不宜在很高或很低温度下工作；另外液压传动装置对油液的污染也比较敏感，故要求有良好的过滤装置。

（4）为了减少泄漏，液压元件在制造精度上要求较高，因此液压元件的制造成本较高。

（5）液压系统出现故障的原因复杂，查找困难。

总而言之，液压传动的优点比较突出，它的缺点将会随着科技的进步逐步得到克服，液压技术在各个领域的应用会更加广泛。

二、工作介质分析

（一）工作介质特性

1. 密度

单位体积液体的质量称为液体的密度。密度的大小随着液体的温度或压力的变化而产生一定的变化，但其变化量较小，一般可忽略不计。

$$\rho = m/V \tag{1-1}$$

式中　　V——液体的体积，m^3；

　　　　m——液体的质量，kg；

　　　　ρ——液体的密度，常用单位为 kg/m^3。

2. 可压缩性

液体受压力作用发生体积变化的性质称为液体的可压缩性。压力为 p_0、体积为 V_0 的液体，如压力增大 Δp 时，体积减小 ΔV，则此液体的可压缩性可用体积压缩系数 k，即单位压力变化下的体积相对变化量来表示。

$$k = -\frac{1}{\Delta p} \times \frac{\Delta V}{V_0} \tag{1-2}$$

由于压力增大时液体的体积减小，因此上式右边须加一负号，以使 k 成为正值。常用液压油的 $k = (5 \sim 7) \times 10^{-10} \ m^2/N$。

体积压缩系数的倒数称为液体的体积弹性模量，用 K 来表示，其值为 $K = 1/k$。在工程实际中，常用体积弹性模量来表示液体抵抗压缩能力的大小，一般液压油的体积弹性模量为 $(1.4 \sim 1.9) \times 10^3 \ MPa$。在一般情况下，液体体积受压力变化的影响很小，液压油的可压缩性对液压系统性能的影响不大，所以可认为液体是不可压缩的。当液体中混入空气时，其压缩性将显著增加，并严重影响液压系统的性能，所以应将液压系统油液中空气含量减小到最低限度。

3. 黏性

液体在外力作用下流动（或有流动趋势）时，分子间的内聚力要阻止分子相对运动而产生的一种内摩擦力，这种现象叫做液体的黏性。液体只有在流动（或有流动趋势）时才会呈现出黏性，静止液体是不呈现黏性的。黏性的大小用黏度来衡量，常用的黏度有动力黏度、运动黏度和相对黏度三种。

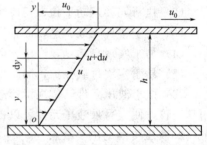

图 1-3　液体的黏性示意图

（1）动力黏度　黏性使流动液体内部各处的速度不相等，以图 1-3 为例，若两平行平板间充满液体，下平板不动，而上平板以速度 u_0 向右平动。由于液体的黏性作用，紧靠下平板和上平板的液体层速度分别为零和 u_0。通过实验测定得出，液体流动时相邻液层间的内摩擦力 F_t，与液层接触面积 A、液层间的速度梯度 du/dy 成正比，即

$$F_t = \mu A \frac{du}{dy} \tag{1-3}$$

式中，μ 为比例常数，称为动力黏度或绝对黏度，单位为：$N \cdot s/m^2$ 或 $Pa \cdot s$。

（2）运动黏度　液体的动力黏度与其密度的比值，称为液体的运动黏度，即

$$\nu = \frac{\mu}{\rho} \tag{1-4}$$

运动黏度单位为 m^2/s，工程单位制使用的单位还有 cm^2/s，通常称为 St（斯），工程中常用 cSt（厘斯）来表示；$1m^2/s=10^4St=10^6cSt$（厘斯）。习惯上常用运动黏度来标志液体的黏度，各种矿物油的牌号就是该种油液在 40℃时的运动黏度的平均值，如通用机床液压油 L-HL-46，数字 46 表示该液压油在 40℃时的运动黏度为 46cSt（平均值）。

（3）相对黏度　相对黏度又称为条件黏度，是采用特定的黏度计在规定条件下测出的液体黏度。中国、德国和俄罗斯采用恩氏黏度（°E），美国采用赛氏黏度（SSU），英国采用雷氏黏度（R）。恩氏黏度用恩氏黏度计测定，具体测定方法是：将 200mL 某一温度的被测液体装入恩氏黏度计中，测出在自重作用下流过其底部直径为 2.8mm 小孔所需的时间 t_A，然后测出同体积的蒸馏水在 20℃时流过同一孔所需时间 t_B，t_A 与 t_B 的比值即为流体的恩氏黏度值。恩氏黏度用符号°E 表示。被测液体在温度 t℃时的恩氏黏度用符号°E_t 表示。

$$°E_t = t_A/t_B$$

工业上常用 20℃、50℃、100℃作为测定恩氏黏度的标准温度，其恩氏黏度分别以相应的符号°E_{20}、°E_{50}、°E_{100} 表示。

黏度与压力、温度的关系：

在一般情况下，压力对黏度的影响比较小，在工程中当压力低于 5MPa 时，黏度值的变化很小，可以不考虑。当液体所受的压力加大时，分子之间的距离缩小，内聚力增大，其黏度也随之增大。因此，在压力很高以及压力变化很大的情况下，黏度值的变化就不能忽视了。

黏度对温度的变化是十分敏感的，当温度升高时，其分子之间的内聚力减小，黏度就随之降低。液压油黏度随温度变化的性质称为液压油的黏温特性。液压油黏度的变化直接影响液压系统的性能和泄漏量，因此，液压油黏度随温度变化越小越好，即黏温特性要好。

4. 酸值

液压油酸值的高低对设备氧化程度的大小起着非同小可的作用，液压油酸值大，会加剧零件壳体的氧化。

5. 闪点和凝点

其指标对液压传动的可靠性有着直接的影响，如闪点过低，则在设备正常运转时随着温度的升高会发生闪火现象。如凝点过高，当设备停止运转时，会使油液黏度剧增，甚至凝固，造成启动困难或不启动。

6. 灰分、机械杂质

（1）对轴向柱塞泵和轴向柱塞马达的影响　据对 15 个泵和马达损坏原因进行统计可以看出，机械杂质对泵、马达的损坏，各占其损坏总数的 60%，且从使用到损坏时间超不过 1 个月。

（2）对液压控制阀的影响　液压中含有灰分、机械杂质时，会造成阀调整无效，压力波动不稳定，出现振动、噪声等，严重时会磨损阀芯，使阀损坏。

（3）对液压回路的影响　据统计，由于灰分、机械杂质的原因使液压回路发生故障占到总故障次数的 75%。

7. 液压冲击与空穴现象

（1）液压冲击　在液压系统中，由于某种原因引起液体压力在某一瞬间突然急剧上升，形成很高的压力峰值，这种现象称为液压冲击。

产生原因：①阀门突然关闭引起液压冲击；②运动部件突然制动或换向。

危害：①巨大的瞬时压力峰值使液压元件，尤其是密封件遭受破坏；②系统产生强烈震动及噪声，并使油温升高；③使压力控制元件（如压力继电器、顺序阀等）产生误动作，造成设备故障及事故。

减小液压冲击的措施：①延长阀门关闭和运动部件换向制动时间，当阀门关闭和运动部件换向制动时间大于 0.3s 时，液压冲击就大大减小；②限制管道内液体的流速和运动部件速度；③适当加大管道内径或采用橡胶软管；④在液压冲击源附近设置蓄能器。

（2）空穴现象　在液压系统中，当压力低于油液工作温度下的空气分离压时，油液中的空气就会分离出来形成大量气泡，当压力进一步降低到油液工作温度下的饱和蒸汽压力时，油液会迅速气化而产生大量气泡。这些气泡混杂在油液中，使原来充满管道或液压元件中的油液成为不连续状态，这种现象称为空穴现象。

危害：①使系统产生振动和噪声；②产生汽蚀现象。

预防措施：①正确确定液压泵吸油管内径，对管内液体流速加以限制，降低液压泵的吸油高度，对于高压泵可采用辅助泵供油；②整个系统管路应尽可能直，避免急弯和局部窄缝等；③管路密封要好，防止空气渗入；④节流口压力降要小，一般控制节流口前后压力比 $p_1/p_2 < 3.5$。

（二）工作介质的类型及选用原则

1. 工作介质的分类

在国标中将"润滑剂和有关产品"规定为 L 类产品，并将 L 类产品按应用场合分为 19 个组，H 组用于液压系统。液压油分为矿物油型液压油和难燃型液压油。由于制造容易、来源多、价格低，故在液压设备中几乎 90% 以上使用矿物油型液压油，矿物油型液压油一般为了满足液压装置的特别要求而在基油中配合添加剂（抗氧化剂、防锈剂等）来改善特性。我国液压油的主要品种、组成和特性见表 1-1。

表 1-1　我国液压油的主要品种、组成和特性

组别符号	类型	产品符号 L-	组成和特性
H	矿物油型液压油	HH	无抗氧剂的精致矿物油
		HL	精致矿物油，并改善其防锈和抗氧性
		HM	HL 油，并改善其抗磨性
		HR	HL 油，并改善其黏温性
		HV	HM 油，并改善其黏温性
		HS	无特定难燃性的合成液
		HG	HM 油，并具有黏温性好的特点
	难燃型液压油	HFAE	水包油乳化液
		HFAS	水的化学溶液
		HFB	油包水乳化液
		HFC	含聚合物水溶液
		HFDR	磷酸酯无水合成液
		HFDS	氯化烃无水合成液
		HFDT	HFDR 和 HFDS 液混合的无水合成液

2. 对工作介质的要求

在液压传动中，液压油既是传动介质，又兼作润滑油，因此对润滑油有一定要求：

（1）具有适宜的黏度和良好的黏温特性，一般要求液压油的运动黏度为 $(14\sim68)\times10^{-6}\,\mathrm{m^2/s}(40℃)$。

（2）具有良好的润滑性。

（3）具有良好的热安定性和氧化安定性。

（4）具有良好的抗泡沫性和抗乳化性。液压油乳化会使其润滑性降低，酸值增加；液压油中产生泡沫会引起空穴现象。

（5）具有良好的防腐性、耐磨性和防锈性。

（6）具有较好的相容性，即对密封件、软管及涂料等无溶解的有害影响。

（7）在高温环境下具有较高的闪点，在低温环境下具有较低的凝点。

3. 工作介质的选用

（1）**液压油品种的选择** 应从液压系统特点、工作环境和液压油的特性等方面出发来选择液压油品种。表 1-2 可供选择液压油时参考。

表 1-2　液压油品种选择参考表

液压设备液压系统举例	对液压油的要求	可选择的液压油品种
低压或简单机具的液压系统	抗氧化安定性和抗泡沫性一般,无抗燃要求	HH,无本产品时可选 HL
中、低压精密机械等液压系统	要求有较好的抗氧化安定性,无抗燃要求	HL,无本产品时可选用 HM
中、低压和高压液压系统	要求抗氧化安定性、抗泡沫性、防锈性好、抗磨性好	HM,无本产品时可选用 HV、HS
环境变化较大和工作条件恶劣(指野外工程和远洋船舶等)的低、中、高压系统	除上述要求外,还要求凝点低、黏度指数高、黏温特性好	HV、HS
环境温度变化较大和工作条件恶劣(指野外工程和远洋船舶等)的低压系统	要求凝点低、黏度指数高	HR,对于有银部件的液压系统,北方选用 L-HR 油,南方选用 HM 油或 HL 油
煤矿液压支架、静压系统及其他不要求回收废液和不要求有良好润滑的情况,但要求有良好的难燃性。使用温度 5~50℃	要求抗燃性好,并具有一定的防锈、润滑性和良好的冷却性,价格便宜	L-HFAE
冶金、煤矿等行业的中、高压和高温、易燃的液压系统。使用温度 5~50℃	抗燃性、润滑性和防锈性好	L-HFB
冶金、煤矿等行业的低压和中压液压系统。使用温度−25~50℃	低温性、黏温性和对橡胶的适用性好、抗燃性好	HFC
需要难燃液的低压系统和金属加工等机械。使用温度 5~50℃	不要求低温性、黏温性和润滑性,但抗燃性要好,价格要便宜	L-HFAS
冶金、火力发电、燃气轮机等高温高压下操作的液压系统。使用温度为−20~100℃	要求抗燃性、抗氧化安定性和润滑性好	HFDR

（2）**液压油牌号的选择** 在液压油品种已定的情况下，选择液压油的牌号时，首先应该考虑液压油的黏度，如果黏度太低，会使泄漏增加，从而降低效率，降低润滑性，增加磨损；如果黏度太高，液体流动的阻力就会增大，磨损增大，液压泵的吸油阻力增大，易产生

吸空现象（也称空穴现象）和噪声。因此选择液压油时要注意以下几点：

① 工作环境。当液压系统工作环境温度较高时，应采用较高黏度的液压油，反之则用较低黏度的液压油。

② 工作压力。当液压系统工作压力较高时，应采用较高黏度的液压油，以防泄漏，反之则用较低黏度的液压油。

③ 运动速度。当液压系统工作部件运动速度提高时，为了减少功率损失，应采用较低黏度的液压油，反之则用较高黏度的液压油。

④ 液压泵的类型。在液压系统中，不同的液压泵对润滑的要求不同，选择液压油时应考虑液压泵的类型及其工作环境，可参考表 1-3。

表 1-3　各类液压泵推荐用的液压油

液压泵类型	运动黏度(40℃)/mm² · s⁻¹		适用液压油的种类和黏度牌号
	系统工作温度 5～40℃	系统工作温度 40～80℃	
叶片泵	30～50	40～75	L-HM32、L-HM46、L-HM68
	50～70	55～90	L-HM46、L-HM68、L-HM100
齿轮泵	30～70	95～165	中、低压时用：L-HL32、L-HL46、L-HL68、L-HL100、L-HL150 中、高压时用：L-HM32、L-HM46、L-HM68、L-HM100、L-HM150
径向柱塞泵	30～70	65～240	
轴向柱塞泵	30～70	70～150	

（三）液体静力学分析

1. 液体静压力特性

作用在液体上的力有质量力和表面力。当液体处于静止状态时，质量力只有重力；液体质点间没有相对运动，不存在摩擦力，所以静止液体的表面力只有法向力。静止液体单位面积上所受的法向力称为静压力，用符号 p 表示，在液压传动中简称压力，在物理学中则称为压强。

如果法向力 F 均匀地作用于面积 A 上，则压力可表示为

$$p = \frac{F}{A} \tag{1-5}$$

液体的静压力具有以下两个重要特性。

（1）由于液体质点间的凝聚力很小，只能承受压力，不能承受拉力，所以液体静压力的方向总是沿作用面的内法线方向。

（2）静止液体内任一点的静压力在各个方向上都相等。

2. 压力表示方法及单位

压力的表示方法有两种：一种是以绝对真空作为基准所表示的压力，称为绝对压力；另一种是以大气压力作为基准所表示的压力，称为相对压力。由于大多数测压仪表所测得的压力都是相对压力，故相对压力也称为表压力。

绝对压力与相对压力的关系为：绝对压力＝相对压力＋大气压力

当绝对压力小于大气压时，负相对压力数值部分叫做真空度，即：

真空度＝大气压－绝对压力＝－（绝对压力－大气压）

由此可知，当以大气压为基准计算压力时，基准以上的正值是表压力，基准以下的负值

就是真空度。绝对压力、相对压力和真空度的相互关系如图1-4所示。

压力的法定单位是 Pa（N/m²）或 MPa（10⁶Pa），但工程中为了应用方便也采用 bar（10⁵Pa）、液柱高和工程大气压来表示，其换算关系为：

1 标准大气压（atm）=760 毫米水银柱=10.33 米水柱=101325Pa

1 工程大气压（at）=10 米水柱=735.5 毫米水银柱=9.81×10^4Pa

1 米水柱=9.8×10^3Pa

1 毫米汞柱=1.33×10^2Pa

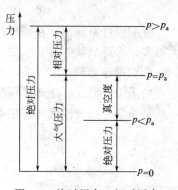

图 1-4 绝对压力、相对压力和真空度的关系图

3. 液体静力学基本方程

如图 1-5(a) 所示，密闭容器中在重力作用下的静止液体，作用在液面上的压力为 p_0，现在求离液面 h 深处 A 点的压力。取一个以液体上表面为顶，下底面包含 A 点的小液柱，设其底面积为 ΔA，高为 h。小液柱受力如图 1-5(b) 所示，液柱处于平衡状态，垂直方向力的平衡方程为

$$p \Delta A = p_0 \Delta A + \rho g h \Delta A \tag{1-6}$$

则 A 点所受的压力为

$$p = p_0 + \rho g h \tag{1-7}$$

式中，g 为重力加速度，此表达式即为液体静压力的基本方程，由此式可知：

（1）静止液体内任一点处的压力由两部分组成，一部分是液面上的压力，另一部分是由自身重力所引起的压力。

（2）同一容器中同一液体内的静压力随液体深度 h 的增加而线性的增加。

（3）连通器内同一液体中深度 h 相同的各点压力都相等。由压力相等的点组成的面称为等压面。重力作用下静止液体中的等压面是一个水平面。

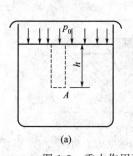 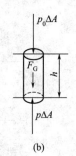 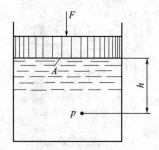

图 1-5 重力作用下的静止液体　　图 1-6 静止液体内压力计算图

例 1-1　如图 1-6 所示，容器内盛有油液。已知油液的密度 $\rho = 900$kg/m³，活塞上的作用力 $F = 1000$N，活塞的面积 $A = 1 \times 10^{-3}$m²，假设活塞的重量忽略不计。问活塞下方深度为 $h = 0.5$m 处的压力等于多少？

解：活塞与液体接触面上的压力均匀分布，有

$$p_0 = \frac{F}{A} = \frac{1000\text{N}}{1 \times 10^{-3}\text{m}^2} = 10^6 \text{N/m}^2$$

根据 $p = p_0 + \rho g h$，深度为 h 处的液体压力

$$p=10^6+900\times9.8\times0.5=1.0044\times10^6\,(\mathrm{N/m^2})\approx10^6\,\mathrm{Pa}$$

由上例可以看出，在液压传动系统中，通常外力产生的压力要比液体自重所产生的压力大得多，可近似认为静止液体内部各点的压力处处相等。

4. 帕斯卡原理

如图 1-7 所示，在密封容器内，施加于静止液体任一点的压力将等值传递到液体各点，这就是帕斯卡原理或静压传递原理。即

$$p=\frac{W}{A_2}=\frac{F}{A_1} \tag{1-8}$$

由上式可知，若 $W=0$，则 $p=0$，$F=0$，反之，W 越大，p 就越大，即液压系统的工作压力取决于外负载。

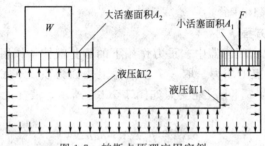

图 1-7　帕斯卡原理应用实例

5. 液体静压力对固体壁面的作用力

如图 1-8 所示，当承受压力的作用面是平面时，作用在该面上的压力的方向是互相平行的。故总作用力 F 等于油液压力 p 与承压面积 A 的乘积。即 $F=pA$。

如图 1-9 所示，当固体壁面是曲面时，作用在曲面上各点的液体静压力是不平行的，曲面上液压作用力在某一方向上的分力等于液体静压力和曲面在该方向的垂直面内投影面积的乘积，即 $F=p\dfrac{\pi d^2}{4}$。

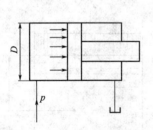

图 1-8　固体壁面为平面

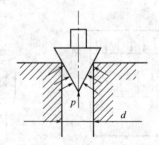

图 1-9　固体壁面为曲面

（四）液体动力学分析

1. 基本概念

（1）理想液体　所谓理想液体是指既没有黏性、又不可压缩的液体。而实际液体是既具有黏性又可压缩的液体。

（2）稳定流动与非稳定流动　如图 1-10（a）所示，液体流动时，液体中任何一点的压力、速度和密度都不随时间而变化，则这种流动就称为稳定流动；如图 1-10（b）所示，液体流动时，只要有一个运动参数随时间而变化，液体的流动就是非稳定流动。

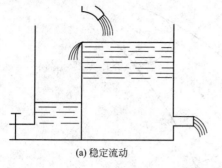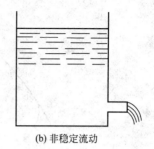

(a) 稳定流动   (b) 非稳定流动

图 1-10　液体流动状态

（3）流动状态　在液体运动时，如果质点没有横向脉动，不引起液体质点混杂，而是层次分明，能够维持安定的流束状态，这种流动称为层流；如果液体流动时质点具有脉动速度，引起流层间质点相互错杂交换，这种流动称为紊流。

液体流动状态用雷诺数 Re 来判别，圆管道的雷诺数为

$$Re = \frac{vd}{\nu} \tag{1-9}$$

工程中以液流由紊流变为层流的临界状态时所测得的数值作为临界雷诺数，记作 Re_c。光滑金属圆管 $Re_c = 2300$，橡胶软管 $Re_c = 1600 \sim 2000$，管道的临界雷诺数可查阅液压设计手册。当实际雷诺数 $Re < Re_c$ 时为层流，反之为紊流。

2. 流量与平均流速

（1）流量　液体在管道中流动时，垂直于液体流动方向的截面称为通流截面，常用 A 表示。如图 1-11 所示，通流截面可以为平面，也可以为曲面。

单位时间内通过通流截面液体的体积称为流量，用 q 表示。流量单位为 m^3/s，工程实际中常用单位为 L/min 或 mL/s。

（2）平均流速　在实际液体流动中，由于黏性摩擦力的作用，通流截面上流速的分布规律难以确定，因此引入平均流速的概念，即认为通流截面上各点的流速均为平均流速，用 v 来表示。

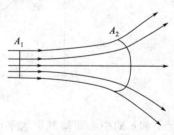

图 1-11　通流截面示意图

3. 流量连续性方程

流量连续性方程是质量守恒定律在流体力学中的一种表达形式。如图 1-12 所示，不可压缩液体作稳定流动，若任意选择两个通流截面 A_1 和 A_2，平均流速分别为 v_1 和 v_2，液体的密度为 ρ，根据质量守恒定律则有：单位时间流入的质量等于流出的质量，即

$$\rho v_1 A_1 = \rho v_2 A_2$$

则有连续性方程　　　　　　$$q = v_1 A_1 = v_2 A_2 = 常数 \tag{1-10}$$

上式表明通过管道内任一通流截面上的流量相等，则有任一通流断面上的平均流速 $v = \frac{q}{A}$，即执行元件的运动速度取决于流量。

4. 伯努利方程

伯努利方程是能量守恒定律在流体力学中的一种表达形式。

（1）理想液体的伯努利方程　为研究方便，以在管道内作稳定流动的理想液体为研究对象。如图 1-13 所示，在管路中任选两个通流截面 a 和 b，并选定基准水平面 O-O，通流截

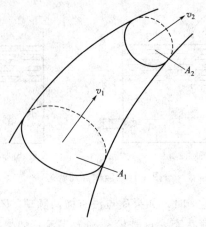

图 1-12　液体的流量连续性示意图

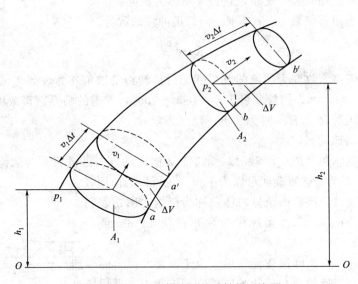

图 1-13　理想液体能量关系转换示意图

面 a 和 b 的中心距离基准水平面 $O\text{-}O$ 的高度分别为 h_1 和 h_2，平均流速分别为 v_1 和 v_2，由能量守恒定律可得理想液体伯努利方程

$$p_1 + \frac{\rho v_1^2}{2} + \rho g h_1 = p_2 + \frac{\rho v_2^2}{2} + \rho g h_2 \tag{1-11}$$

式中　p——压力，Pa；

ρ——液体密度，kg/m^3；

v——液流速度，m/s；

h——通流截面中心到基准水平面的距离，m；

g——重力加速度。

理想液体伯努利方程的物理意义为：在密封管道内作稳定流动的理想液体在任意一个通流截面上具有三种形式的能量，即压力能、势能和动能，三种能量的总和是一个恒定的常量，而且三种能量之间是可以相互转换的，即在不同的通流断面上，同一种能量的值会是不同的，但各断面上的总能量值都是相同的。

（2）实际液体的伯努利方程　由于液体存在黏性，当液体流动时，液流的总能量在不断

地减少。所以，实际液体的伯努利方程为

$$p_1+\frac{d_1\rho v_1^2}{2}+\rho gh_1=p_2+\frac{d_2\rho v_2^2}{2}+\rho gh_2+\Delta p_w \tag{1-12}$$

式中　Δp_w——总能量损失。

5. 压力损失的计算

（1）沿程压力损失　液体在等径直管中流动时，由于摩擦而产生的压力损失称为沿程压力损失。经理论推导及实验验证，沿程压力损失计算公式为

$$\Delta p_\lambda=\lambda\frac{l}{d}\times\frac{\rho v^2}{2} \tag{1-13}$$

式中　Δp_λ——沿程压力损失，Pa；

　　　l——管路长度，m；

　　　v——液流速度，m/s；

　　　d——管路内径，m；

　　　ρ——液体密度，kg/m³；

　　　λ——沿程阻力系数。

液体的流动状态不同，λ 选取的数值也不同。对于圆管层流，理论值 $\lambda=64/Re$，而实际由于各种因素的影响，对于光滑金属管取 $\lambda=75/Re$，橡胶管取 $\lambda=80/Re$。紊流时，当 $2.3\times10^3<Re<10^5$ 时，可取 $\lambda=0.3164Re^{-0.25}$。

（2）局部压力损失　局部压力损失是液体流经阀口、弯管、通流截面变化等处所引起的压力损失。液流通过这些地方时，由于液流方向和速度均发生变化，形成旋涡，使液体的质点间相互撞击，从而产生较大的能量耗损。局部压力损失计算公式为

$$\Delta p_\xi=\xi\frac{\rho v^2}{2} \tag{1-14}$$

式中　Δp_ξ——局部压力损失，Pa；

　　　v——液流速度，m/s；

　　　ρ——液体密度，kg/m³；

　　　ξ——局部阻力系数（具体数值可查阅有关液压设计手册）。

（3）管路中总压力损失　管路系统的总压力损失等于所有沿程压力损失和所有局部压力损失之和，即：

$$\sum\Delta p=\sum\lambda\frac{l}{d}\times\frac{\rho v^2}{2}+\sum\xi\frac{\rho v^2}{2} \tag{1-15}$$

上式只有在两相邻局部损失之间的距离 L 大于管道内径 $10\sim20$ 倍时才成立，否则液流受前一个局部阻力的干扰还未稳定，就进入下一个局部障碍，阻力系数比正常大 $2\sim3$ 倍，因此按上式计算出的压力损失比实际值小。

在液压传动系统中，为减小压力损失，除应尽量采用合适的流速及黏度外，还应力求使管道内壁光滑，尽可能缩短连接管的长度，减少弯头与接头数，减小管道截面的变化等。

（五）孔口及间隙的流量特性

1. 孔口的流量特性

在液压传动中，大部分阀类元件都是利用液体流经小孔来工作的，因此小孔是液压元件

的重要组成部分，对元件的性能影响很大。

液体流经小孔的情况可以根据孔长 l 与孔径 d 的比值分为三种情况：$l/d \leqslant 0.5$ 时，称为薄壁小孔；$0.5 < l/d \leqslant 4$ 时，称为短孔；$l/d > 4$ 时，称为细长孔。

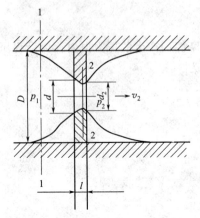

图 1-14　液体在小孔中流动示意图

(1) 流经薄壁小孔的流量　图 1-14 所示为一典型的薄壁小孔，小孔流态常为紊流，其流量计算公式为

$$q = c_d A \sqrt{\frac{2\Delta p}{\rho}} \tag{1-16}$$

式中　c_d——孔口流量系数（对于圆形小孔，当管道直径 D 与小孔直径 d 之比 $D/d \geqslant 7$ 时，流速的收缩作用不受管壁的影响，称为完全收缩，$c_d = 0.6 \sim 0.62$；反之，管壁对收缩程度有影响时，则称为不完全收缩，$c_d = 0.7 \sim 0.8$）；

A——小孔通流截面积；

Δp——薄壁小孔前后压力差。

(2) 流经细长小孔的流量　液体流经细长小孔时多为层流，可直接应用圆管层流的流量公式，即

$$q = \frac{\pi d^4}{128 \mu l} \Delta p \tag{1-17}$$

式中　μ——动力黏度；

Δp——细长小孔前后压力差；

l——小孔长度；

d——小孔内径。

由式(1-16)、式(1-17)可知，液体流经薄壁小孔的流量 q 与小孔前后压力差的平方根成正比，而流经细长小孔的流量 q 与小孔前后的压力差成正比，所以薄壁小孔流量受孔口压差变化的影响较小；薄壁小孔的流量 q 不受液体黏度的影响，而细长小孔随油温升高，黏度下降，在相同压差作用下，流量 q 增加。因此在液压技术中，节流孔口常做成薄壁小孔。

(3) 液流流经短孔的流量　液流流经短孔的流量仍可用薄壁小孔的流量公式计算：$q = C_d A \sqrt{\dfrac{2\Delta p}{\rho}}$，但其流量系数不同，可在相关液压设计手册中查得，一般 $C_d = 0.8 \sim 0.82$。由于短孔介于细长孔和薄壁孔之间，短孔加工比薄壁小孔容易，故常用作固定的节流器使用。

为了分析问题的方便起见，上述三种小孔的流量公式一并用下式表示，即：

$$q = KA\Delta p^m \tag{1-18}$$

式中，m 为指数，当孔口为薄壁小孔时 $m = 0.5$，当孔口为细长孔时 $m = 1$，当 $0.5 < m < 1$ 时为短孔；K 为由孔口形状决定的系数，当孔口为薄壁孔时 $K = C_d (2/\rho)^{0.5}$，当孔口为细长孔时 $K = d^2/32\mu l$。

2. 液体流经间隙的流量

(1) 平行平板的间隙流动　液体流经平行平板间隙的一般情况是既受压差 Δp 的作用，同时又受到平行平板间相对运动的剪切作用。下面分两种情况进行讨论。

① 固定平行平板间隙流动（压差流动）。如图 1-15 所示，上、下两平板均固定不动，

液体在间隙两端的压差作用下在间隙中流动，称为压差流动。流量公式为

$$q = \frac{b\delta^3}{12\mu l}\Delta p \tag{1-19}$$

式中，b 为平板宽度；δ 为间隙高度；μ 为动力黏度，l 为平板长度。

由公式(1-19)可知，通过间隙的流量与间隙的三次方成正比，因此必须严格控制间隙量，以减小泄漏。

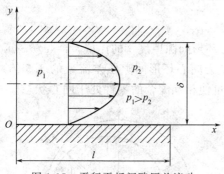
图 1-15　平行平板间隙压差流动

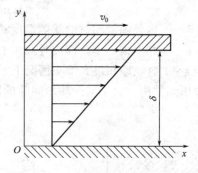
图 1-16　平行平板间隙剪切流动图

② 平行平板有相对运动时的间隙流动（剪切流动）。如图 1-16 所示，两平行平板有相对运动，相对运动速度为 v_0，但无压差，这种流动称为纯剪切流动。其流量公式为

$$q = \frac{b\delta}{2}v_0 \tag{1-20}$$

如图 1-17 所示，两平板间左右两侧压力分别为 p_1 和 p_2，并且 $p_1 > p_2$，使下平板固定不动，上平板以 v_0 的速度分别向正反两个方向运动，此时即存在压差流动，也有剪切流动，这是一种普遍情况，其流量是压差流动和剪切流动两种情况的线性叠加，即

$$q = \frac{b\delta^3\Delta p}{12\mu l} \pm \frac{b\delta}{2}v_0 \tag{1-21}$$

式中正负号的确定：当长平板相对于短平板的运动方向和压差流动方向一致时取"＋"号；反之取"－"号。

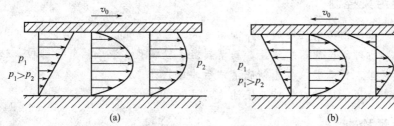
图 1-17　平行平板间隙在压差与剪切联合作用下的流动图

泄漏所造成的功率损失计算如下：

$$P_1 = \Delta p \cdot q = \Delta p\left(\frac{b\delta^3\Delta p}{12\mu l} \pm \frac{b\delta}{2}v_0\right) \tag{1-22}$$

由上式得出结论：间隙 δ 越小，泄漏功率损失也越小。但是 δ 的减小会使液压元件中的摩擦功率损失增大，因而间隙 δ 有一个使这两种功率损失之和达到最小的最佳值，并不是越小越好。

（2）圆柱环形间隙流动

① 流经同心环形间隙的流量。如图 1-18 所示为同心环形间隙，当 $\delta/d \ll 1$ 时，可以将环形间隙的流动近似地看作是平行平板间隙的流动，用 πd 代替平面间隙中的宽度 b 可得到

同心环形间隙的流量公式，即

$$q = \frac{\pi d \delta^3 \Delta p}{12\mu l} \pm \frac{\pi d \delta}{2} v_0 \qquad (1\text{-}23)$$

② 流经偏心环形间隙的流量。液压元件中经常出现存在一定偏心量 e 的偏心环状间隙，例如活塞与油缸不同心时就形成了偏心环状间隙，如图 1-19 所示，其流量计算公式为

$$q = \frac{\pi d \delta^3 \Delta p}{12\mu l}(1+1.5\varepsilon^2) \pm \frac{\pi d \delta}{2} v_0 \qquad (1\text{-}24)$$

式中　δ——内外圆同心时的间隙厚度；

　　　ε——相对偏心率，即内外圆偏心距 e 和同心环形间隙厚度 δ 的比值，$\varepsilon = e/\delta$。

当 $\varepsilon = 1$ 时，即在最大偏心情况下，其压差流量为同心环形间隙压差流量的 2.5 倍。可见在液压元件中，为了减少环形间隙的泄漏，应尽量使相互配合的零件处于同心状态。

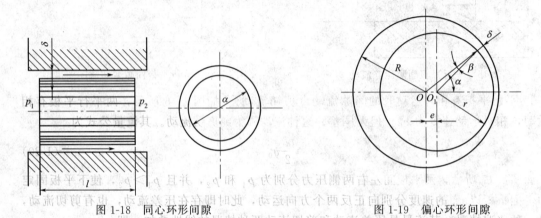

图 1-18　同心环形间隙　　　　　　　　　　图 1-19　偏心环形间隙

知 识 拓 展

一、液压油的污染控制

(1) 加油时，液压油必须过滤加注，加油工具应可靠清洁。

(2) 保养时，拆卸液压油箱加油盖、滤清器盖、检测孔、液压油管等部位，造成系统油道暴露时要避开扬尘，拆卸部位要先彻底清洁后才能打开。

(3) 定期检查液压油质量，保持液压油的清洁。

二、液压油质量检查

(1) 液压油的氧化程度。液压油在使用中，由于强度的变化，空气中氧及太阳光的作用，将会逐渐被氧化，使其黏度等性能改变。氧化的程度，通常从液压油的颜色、气味上判断。

(2) 液压油中含杂质的程度。液压油中如果混入水分，将会降低其润滑性能，腐蚀金属。判断液压油中混入水分的程度，通常有两种方法：一是根据其颜色和气味的变化情况，如液压油的颜色呈乳白色，气味没变，则说明混入水分过多；二是取少量液压油滴在灼热的铁板上，如果发出"叭叭"的声音，则说明含有水分。

(3) 液压油中含有机械杂质的判断方法。在机械工作一段时间后，取数滴液压油放在手

上。用手指捻一下，查看是否有金属颗粒或在太阳光下观察是否有微小的闪光点，如果有金属颗粒或闪光点，则证明液压油含有较多的机械杂质。这时，应更换液压油，或将液压油放出，进行不少于42h以上时间的沉淀，然后再将其过滤后使用。

三、液压系统的清洗

清洗油必须使用与系统所用牌号相同的液压油，切忌使用煤油或柴油作清洗液，油温要求在45～80℃之间。清洗时应采用尽可能大的流量，使管路中的液流呈紊流状态，并完成各个执行元件的动作，以便将污染物从各个泵、阀与液压缸等元件中冲洗出来。

任务实施

为实现本项目的项目目标，请教师按照学习性工作任务单要求，依据任务实施过程分组组织任务实施，完成工作任务内容，并组织学生按要求完成任务实施记录。学习性工作任务单见表1-4。

表1-4　学习性工作任务单

任务名称:液压系统的建立	地点:实训室
专业班级:	学时:2学时
第＿＿＿组,组长:	
成员:	
一、工作任务内容 1. 观察组合机床动力滑台工作过程。 2. 分析组合机床动力滑台工作原理和组成。 3. 了解液压传动技术在机电设备中的具体应用。 4. 了解液压传动系统的优缺点。 二、教学资源 学习工作任务单、液压千斤顶、简化磨床工作台、视频文件及多媒体设备。 三、有关通知事宜 1. 提前10分钟到达学习地点,熟悉环境,不得无故迟到和缺勤。 2. 带好参考书、讲义和笔记本等。 3. 班组长协助教师承担本班组的安全责任。 四、任务实施过程 1. 下达学习工作任务单。 2. 组织任务实施。 教师连接简化磨床工作台液压系统,组织学生操作分析简化磨床工作台液压系统工作过程,教师全过程巡回指导。 3. 任务检查及评价。 (1)教师依据学生操作的规范性、回答问题的准确性以及学生课堂表现进行综合评定。 (2)教师根据任务完成情况进行适当补充和讲解。 五、任务实施记录 1. 画出液压千斤顶工作原理图,并写出液压千斤顶工作过程。 2. 画出磨床工作台液压系统简图,并写出工作过程。 3. 回答问题。 (1)一般液压传动控制系统组成及各组成部分的功用? (2)列举液压传动技术在工程实际中的应用(如挖掘机)。	
小组得分:	指导教师签字:

巩固练习

一、填空题

1. 在液压系统中，工作压力的大小由＿＿＿＿＿＿决定，执行元件运动速度的快慢由

_____决定。

2. 液体在等径直管中流动时，产生_____压力损失；在变直径管、弯管中流动时产生_____压力损失。

3. 液体在管道中存在_____和_____两种流动状态，液体的流动状态可用_____来判断。

4. 液体的黏性常用黏度表示，常用的黏度有_____、_____、_____。夏季为了减少泄漏，宜选用黏度较_____的液压油。

5. 流量连续性方程是_____定律在流体力学中的表达形式，而伯努利方程是_____定律在流体力学中的表达形式。

二、选择题

1. 把机械能转换成液体压力能的装置是（   ）。

A. 动力元件　　　B. 执行元件　　　　　C. 控制元件　　　　　D. 辅助元件

2. 液压传动系统中，液压泵属于（   ），液压缸属于（   ），溢流阀属于（   ），油箱属于（   ）。

A. 动力元件　　　B. 执行元件　　　　　C. 控制元件　　　　　D. 辅助元件

3. 在密闭容器内，施加于静止液体内任意一点的压力将等值地传递到液体中各点，这称为（   ）原理。

A. 帕斯卡　　　　B. 能量守恒　　　　　C. 质量守恒　　　　　D. 动量守恒

4. 液压传动中最重要的两个参数是（   ）。

A. 压力和流量　　B. 压力和速度　　　　C. 压力和外负载　　　D. 流量和速度

5.（   ）又称为表压力。

A. 绝对压力　　　　B. 相对压力　　　　C. 大气压　　　　　　D. 真空度

三、判断题

1. 液压传动可以在较大范围内实现无级调速。　　　　　　　　　　　　　（   ）

2. 液体在横截面积不等的管道中流动，液流速度和液体压力与横截面积的大小成反比。

（   ）

3. 液体能承受压力，不能承受拉力。　　　　　　　　　　　　　　　　　（   ）

4. 液体无论处于流动状态还是静止状态，均可以呈现出黏性。　　　　　　（   ）

5. 液压传动是依靠密封容积中的液体静压力来传递运动与动力的，如万吨水压机。

（   ）

四、简答题

1. 液压传动系统由哪些基本部分组成？各部分的作用是什么？

2. 什么是静压力？常用的压力表示方法有哪些？

3. 简述理想液体伯努利方程的物理意义。

4. 选用液压油主要考虑哪些因素？

五、计算题

1. 如题图 1-1 所示为 U 形管测压计，已知汞的密度：$\rho_{Hg} = 13.6 \times 10^3 \, kg/m^3$，油的密度为 $\rho_{oil} = 13.6 \times 10^3 \, kg/m^3$，U 形管内为汞，容器内为油，$h_1 = 0.5m$，$h_2 = 0.6m$，U 形管右边和标准大气压相通，试计算 A 处的绝对压力和真空度。

2. 如题图 1-2 所示，有一容器的出水管直径 $d = 10cm$，当龙头关闭时压力计的读数为 50000Pa（表压），龙头开启时压力计读数降至 18800Pa（表压）。如果总能量损失为

5200Pa，试求通过管路的水流流量。（水位可视为不变）

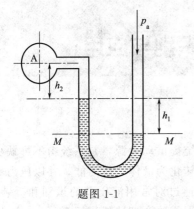

题图 1-1

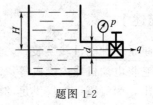

题图 1-2

项目二　液压泵的识别与应用

【项目描述】

液压泵是一种能量转换装置，其作用是为液压系统提供动力源，是系统中不可缺少的核心元件。它将电动机或内燃机等原动机输入的机械能转化为液体的压力能，并以压力和流量的形式输出，为液压系统提供足够的压力油。本项目通过对常用液压泵的识别和拆装分析，让学生掌握其工作原理、结构特点和应用场合，并根据需要合理选择液压泵。

【项目目标】

知识目标：
① 理解液压泵完成吸油与压油的必备条件；
② 理解液压泵的压力和流量等概念；
③ 掌握齿轮泵、叶片泵、柱塞泵的结构组成与工作原理。

能力目标：
① 学会分析齿轮泵、叶片泵、柱塞泵的结构特点；
② 能正确拆卸和装配液压泵，能够识读液压泵的图形符号。

【相关知识】

一、液压泵的类型与工作原理

（一）液压泵的类型

液压泵的类型较多，按结构不同分为齿轮泵、叶片泵、柱塞泵和螺杆泵；按输出流量是否可调节分为定量泵和变量泵；按工作压力的不同分为低压泵、中压泵、中高压泵和高压泵。不同类型的液压泵其结构特点、工作性能和应用场合也不同。常用液压泵的图形符号如图 2-1 所示。

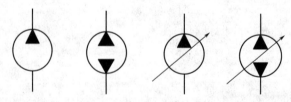

(a) 单向定量泵　　(b) 双向定量泵　　(c) 单向变量泵　　(d) 双向变量泵

图 2-1　液压泵图形符号

（二）液压泵的工作原理

图 2-2 所示为单柱塞泵的工作原理，由偏心轮 1、柱塞 2、缸筒 3、弹簧 4 和单向阀 5、6

等组成。柱塞 2 安装在缸筒 3 中形成一个密封容积 a，柱塞 2 在弹簧 4 的作用下始终压紧在偏心轮 1 上。当原动机驱动偏心轮 1 旋转时，会迫使柱塞 2 作往复运动，使密封容积 a 的大小发生周期性的交替变化。当柱塞向右运动时，密封容积 a 由小变大形成部分真空，油箱中的油液在大气压力作用下，经吸油管顶开吸油单向阀 6 进入密封容积 a 实现泵的吸油。反之，当柱塞向左运动时，密封容积 a 由大变小，腔内油液受到柱塞 2 的挤压形成局部高压，由于吸油口被单向阀 6 封闭，密封腔内的油液顶开排油单向阀 5 进入系统，实现泵的压油。偏心轮在原动机的驱动下不断旋转，液压泵便不停地吸油和压油，将原动机输入的机械能源源不断地转换成液体的压力能输入液压系统。

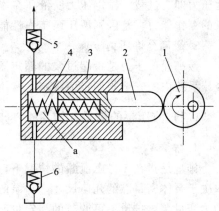

图 2-2　液压泵工作原理
1—偏心轮；2—柱塞；3—缸筒；
4—弹簧；5,6—单向阀

上面是以单柱塞液压泵为例分析的液压泵工作原理，但代表了液压泵的共同性质。由此可见，液压泵是依靠密封腔的容积周期性变化来进行工作的，故又称为容积式液压泵。液压泵输出流量的大小取决于密封腔容积变化的大小和次数，若不计泄漏，则液压泵的输出流量与压力无关。

液压泵的结构形式各不相同，但其正常工作时必须具备三个基本条件。

（1）结构上要有由运动件和非运动件构成的且能够周期性变化的密封容积腔，不密封就无法形成压力或真空，不变化就不能完成吸油和压油。

（2）必须有相应的配流机构，作用是将吸油腔和压油腔隔开，以保证液压泵有规律地连续吸油和压油。液压泵的结构不同，配流机构的设计也不相同。

（3）油箱必须与大气相通，以保证油箱内的绝对压力大于或等于大气压力，使液压泵能够充分吸油，这是容积式液压泵能够正常吸液的外部条件。

二、液压泵的性能参数

（一）液压泵的压力

1. 工作压力 p

工作压力是指液压泵在实际工作中输出的压力，其大小取决于工作负载，当负载增加时工作压力 p 升高，当负载减小时工作压力 p 降低。工作压力的大小与液压泵的流量无关，常用单位为 $Pa(N/m^2)$ 或 MPa。

液压泵的工作压力不能随着负载的无限制增加而无限升高，否则会引起液压泵密封性能降低和造成元件损坏，通常会在液压系统中设置安全阀来限制泵的最大压力，进行过载保护。

如果系统为多个负载串联，则泵的工作压力是所有负载压力之和；如果系统为多个负载并联，则泵的工作压力取决于并联负载中压力最低的负载；如果并联负载中有一支管路与油箱相通，则泵的工作压力将为零，此时称为液压泵的卸荷。

2. 额定压力 p_n

额定压力是指液压泵在正常工作条件下，按试验标准规定能连续运行的最高压力，超过此压力即为过载。额定压力受液压泵本身的泄漏和结构强度等限制，其值的大小反映了液压泵的工作能力，是区别液压泵工作性能好坏的重要标志，常用单位为 Pa（N/m²）或 MPa。

3. 最高允许压力 p_m

最高允许压力是指超过泵的额定压力，允许液压泵在短时间内过载运行的极限压力，由液压系统内的安全阀调定值限定，常用单位为 Pa（N/m²）或 MPa。

（二）液压泵的排量和流量

1. 排量 V

排量是指在不考虑泄漏的情况下，液压泵的主轴每旋转一周所排出的液体体积，其大小取决于泵体密封腔的几何尺寸，与泵的转速 n 无关，常用单位为 m³/r 或 L/r。排量可调节的为变量泵，排量不可调节的为定量泵。

2. 流量 q

（1）理论流量 q_t　理论流量是指在不考虑泄漏的情况下，液压泵在单位时间内所排出液体体积，其值等于泵的排量和转速的乘积，与工作压力无关，常用单位为 L/min 或 m³/s。

$$q_t = Vn \tag{2-1}$$

（2）实际流量 q　实际流量是指液压泵在工作中泵口实际输出的流量，由于存在泄漏，所以实际流量等于理论流量 q_t 减去泄漏流量 Δq，常用单位为 L/min 或 m³/s。

$$q = q_t - \Delta q \tag{2-2}$$

泵的实际流量与压力有关。因泵泄漏量 Δq 会随着压力的增高而增大，所以实际流量会随着压力的增高而减小。

（3）额定流量 q_n　额定流量也叫公称流量，是指液压泵在额定压力下输出的流量，常用单位为 L/min 或 m³/s。

（三）液压泵的功率和效率

1. 功率

（1）输入功率 P_i　输入功率是指液压泵在实际工作时泵轴上的机械功率（即电动机的输出功率），常用单位为 kW。当泵的输入转矩为 T_i，角速度为 ω，转速为 n 时，则是

$$P_i = T_i\omega = 2\pi T_i n \tag{2-3}$$

（2）输出功率 P　输出功率是指液压泵输出的液压能，其值等于泵的工作压力 p 和实际流量 q 的乘积，常用单位为 kW。

$$P = pq \tag{2-4}$$

2. 效率

效率是衡量损失的指标，液压泵在工作中存在两种能量损失。一是由于泄漏引起的流量上的容积损失；二是由于运动部件摩擦引起的转矩上的机械损失。

（1）容积效率 η_v　容积效率是衡量液压泵容积损失的指标，其值等于液压泵的实际输出流量 q 与理论流量 q_t 的比值，即

$$\eta_v = \frac{q}{q_t} = \frac{q}{Vn} = \frac{q_t - \Delta q}{q_t} = 1 - \frac{\Delta q}{q_t} \tag{2-5}$$

（2）机械效率 η_m　机械效率是衡量液压泵机械损失的指标，其值等于液压泵的理论输入转矩 T_t 与实际输入转矩 T_i 的比值，即

$$\eta_\mathrm{m} = \frac{T_\mathrm{t}}{T_\mathrm{i}} = \frac{pV}{2\pi T_\mathrm{i}} \tag{2-6}$$

（3）液压泵的总效率 η　液压泵的总效率是指液压泵输出的液压功率 P 与输入的机械功率 P_i 的比，即

$$\eta = \frac{P}{P_\mathrm{i}} = \frac{pq}{2\pi T_\mathrm{i}n} = \frac{pq_\mathrm{t}\eta_\mathrm{v}}{2\pi n \dfrac{T_\mathrm{t}}{\eta_\mathrm{m}}} = \frac{pq_\mathrm{t}}{2\pi nT_\mathrm{t}}\eta_\mathrm{v}\eta_\mathrm{m} = \eta_\mathrm{v}\eta_\mathrm{m} \tag{2-7}$$

由上式可知，液压泵的总效率等于泵的容积效率与机械效率的乘积。

三、齿轮泵

齿轮泵是液压系统中广泛采用的液压泵，一般为定量泵，按齿轮啮合形式的不同有内啮合、外啮合两种形式。外啮合齿轮泵因具有结构简单、制造方便、价格低廉、体积小、转速高、寿命长、工作可靠、自吸性能好和对油污不敏感等优点，广泛应用于各种中、低压系统中。近年来，随着齿轮泵在结构上的不断完善，中高压齿轮泵的应用日渐增多，目前齿轮泵的最高工作压力可达 20MPa 左右。齿轮泵的缺点是容积效率低、工作噪声大、流量脉动大和排量不可调。

（一）外啮合齿轮泵的结构与工作原理

1. 外啮合齿轮泵结构

外啮合齿轮泵的典型结构如图 2-3 所示，是由泵体和前泵盖、后泵盖组成的分离三片式结构，在泵体内装有一对齿数、模数都相等的齿轮。两齿轮分别固定在由滚针轴承支承的主动轴和从动轴上，主动轴由电动机带动旋转。前、后泵盖和泵体用定位销固定，用螺钉紧固。

图 2-3　外啮合齿轮泵结构

2. 外啮合齿轮泵工作原理

外啮合齿轮泵的工作原理如图 2-4 所示，密封工作容积由泵体、前、后泵盖和两个齿轮的齿槽构成，轮齿的啮合线将与进、出油口相通的密封腔分隔形成吸油腔和压油腔。当主动齿轮按图示箭头方向旋转时，吸油腔 V_1 由于轮齿逐渐脱开啮合而容积增大，形成局部真

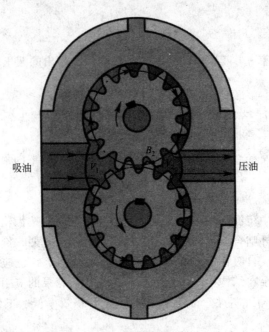

吸油 压油

图 2-4 外啮合齿轮泵工作原理

空，油液在大气压力作用下经吸油口进入吸油腔，并随着齿轮的旋转被齿槽带入压油腔。压油腔 V_2 由于轮齿逐渐进入啮合而容积逐渐减小，形成局部压力，齿槽间的油液被挤压并从压油口排出进入系统。齿轮泵连续旋转，吸油腔不断从油箱吸油，压油腔不断向系统排油，齿轮泵就能够连续不断地向系统提供压力油。

外啮合齿轮泵依靠啮合线将吸、压油腔自然分开，不需要专门的配流机构。

（二）外啮合齿轮泵的结构特性

1. 泄漏

液压泵的运动部件之间是靠微小间隙进行密封的，高压腔的油液通过间隙向低压腔泄漏是不可避免的，泄漏量的大小用液压泵的容积效率表示。齿轮泵压油腔的油液可通过三个途径泄漏到吸油腔：一是通过泵体内壁和轮齿顶部形成的径向间隙（齿顶间隙）；二是通过轮齿啮合处形成的啮合线间隙（齿侧间隙）；三是通过齿轮端面与泵盖形成的轴向间隙（端面间隙）。

上述三个位置的泄漏，以端面间隙的泄漏量最大，约占总泄漏量的 80% 左右，压力越高，泄漏量越大，为防止泵内油液外泄，在泵体的两端面上开有油封卸荷槽，使泄漏油流回吸油腔。为解决齿轮泵的内泄漏问题，提高其容积效率和工作压力，常常在结构上采取增设浮动轴套或浮动侧板的措施，对端面间隙进行自动补偿。

2. 困油

齿轮泵要实现连续稳定供油，轮齿啮合时的重叠系数 ε 必须大于 1，即当一对轮齿尚未脱开啮合时，另一对轮齿已进入啮合，这样就会出现两对轮齿同时啮合的瞬间，在齿向啮合线之间会形成一个独立的封闭容积，称为困油区，部分油液被困在其中，困油区密封容积的大小会随齿轮泵的旋转工作而发生变化。图 2-5(a) 所示为两对轮齿刚进入啮合时，此时困油区容积最大；随着齿轮的啮合传动，困油区容积逐渐减小，啮合进行到图 2-5(b) 所示位置时，困油区容积最小；啮合传动继续时，困油区容积又逐渐增大，当啮合进行到图 2-5(c)

所示位置时，密封容积又变为最大。

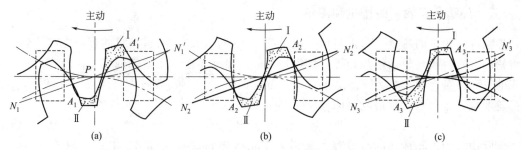

图 2-5　外啮合齿轮泵的困油现象

　　困油区密封容积减小时，被困油液受到挤压会产生瞬间高压，若无法与压油口相通排出，油液将从一切可能的缝隙中挤出，造成功率损失，引起油液发热，并使轴承受到附加冲击载荷作用产生振动；困油区密封容积增大时，没有油液补充会形成局部真空，使原来溶解在油液中的气体分离出来形成气泡，引发汽蚀和噪声等不良现象。这就是齿轮泵的困油现象，会严重影响泵的工作平稳性和使用寿命。

　　消除困油现象的方法，通常是在齿轮泵的泵盖内侧开卸荷槽，如图 2-5 中虚线方框所示。卸荷槽的位置应使困油区容积由大变小时，能通过卸荷槽与压油腔相通，当困油区容积由小变大时，能通过另一卸荷槽与吸油腔相通。两卸荷槽间的距离，必须保证吸油腔和压油腔在任何时候都不能互通。

3. 径向不平衡力

　　齿轮泵工作时，齿轮外圆和轴承上承受径向液压力的作用。如图 2-6 所示，泵的左侧为吸油腔，油压力较小，通常低于大气压力；泵的右侧为压油腔，油压力较大，通常为泵的工作压力。由于泵体内壁与齿顶外圆之间存在径向间隙，此间隙内的泄漏油从吸油腔到压油腔的油液压力是分级逐渐增大的，这些力的合力就是齿轮和轴承所承受的不平衡径向力。泵的工作压力越高，此不平衡径向力越大，不仅会加速轴承磨损，降低轴承寿命，严重时会导致泵轴变形，引起齿顶与泵体的内壁摩擦。

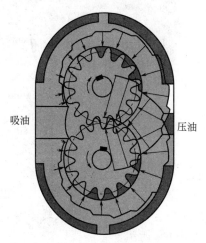

图 2-6　齿轮泵径向力分布

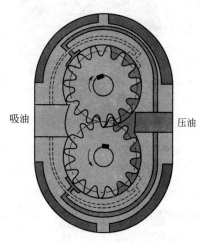

图 2-7　齿轮泵径向力平衡槽

　　解决径向力不平衡的最常用做法是缩小压油口，以减小液压力对齿顶部分的作用面积；也可以采用开压力平衡槽的办法，如图 2-7 所示，使作用在轴承上的径向力大大减小，但此法会增加泄漏，降低容积效率。

（三）外啮合齿轮泵的排量和流量

外啮合齿轮泵的排量，可近似地看成是两互相啮合齿轮的有效齿槽的容积之和，假设齿轮齿槽的有效容积与轮齿体积相等，则齿轮泵的排量就等于一个齿轮的有效齿槽容积和轮齿体积的总和。若齿轮齿数为 z、模数为 m、分度圆直径为 d、有效齿高为 h、齿宽为 b，按照齿轮参数计算公式，则齿轮泵的排量 V 为

$$V = \pi dhb = 2\pi m^2 zb \tag{2-8}$$

实际中，因齿轮齿槽的有效容积要稍大于轮齿体积，故式（2-8）中的 π 取值 3.33，以修正计算结果，则上式可写成

$$V = 6.66m^2 zb \tag{2-9}$$

齿轮泵的理论流量 q_t 和实际流量 q 分别为

$$q_t = Vn = 6.66m^2 zbn \tag{2-10}$$

$$q = q_t \eta_v = 6.66zm^2 bn\eta_v \tag{2-11}$$

式中　n——齿轮泵的转速；
　　　η_v——齿轮泵的容积效率。

（四）内啮合齿轮泵的结构原理

如图 2-8 所示，内啮合齿轮泵有渐开线齿形和摆线齿形两种。两种齿形的内啮合齿轮泵其工作原理和主要特点皆与外啮合齿轮泵相同，也是利用轮齿间密封容积的变化来完成吸油和压油。内啮合齿轮泵由配油盘（前后盖）、从动轮（外转子）和偏心安置在泵体内的主动轮（内转子）等组成，外齿轮为主动轮，内齿轮为从动轮，在工作中内齿轮随外齿轮同向旋转。

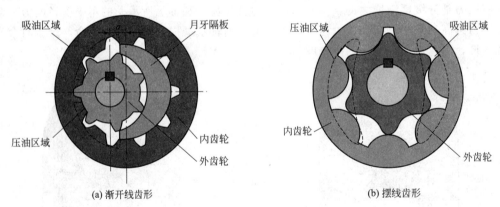

(a) 渐开线齿形　　　　　　　　　　　　　　　　(b) 摆线齿形

图 2-8　内啮合齿轮泵工作原理图

在渐开线齿形的内啮合齿轮泵中，内齿轮和外齿轮之间，须装一块月牙形隔板，以便把吸油腔和压油腔隔开，如图 2-8（a）所示；摆线齿形的内啮合齿轮泵又叫摆线转子泵，因其内转子和外转子相差一齿，故不需要设置隔板。如图 2-8（b）所示。

四、叶片泵

叶片泵是机床液压系统广泛使用的一种泵，与齿轮泵相比具有结构紧凑、运转平稳、输

出流量均匀、脉动小、噪声低等优点，缺点是结构比较复杂，自吸性能差，对油液的污染比较敏感，多用于对速度平衡性要求较高的中低压系统。近年来，随着材料、结构和工艺等的不断改进，叶片泵正在向中高压及高压方向发展。

叶片泵按泵轴旋转一周的吸排油次数分为单作用式和双作用式两种。单作用式叶片泵结构复杂，制造成本较高，同时额定压力较低，一般只适用于低压、小功率、且需要调速的液压系统。与单作用叶片泵相比，双作用叶片泵结构简单，流量均匀性好，工作压力高，故应用更广泛。双作用叶片泵只能做成定量泵，单作用叶片泵可做成多种变量泵。

（一）双作用叶片泵

1. 双作用叶片泵的结构与工作原理

如图2-9所示，双作用叶片泵由定子1、转子2、叶片3、配油盘4、传动轴5等组成。定子内表面形似椭圆，由两段长半径圆弧、两段短半径圆弧和四段过渡曲线组成，定子与转子同心安装。转子上沿圆周均匀分布着若干个径向窄槽，其中装有能沿槽滑动的叶片。在配流盘上对应四段过渡曲线的位置，开有四个配流窗口，两个与泵的吸油口相通，两个与泵的压油口相通。当转子在轴的带动下旋转时，叶片在离心力和根部压力油的作用下从槽中滑出压紧在定子内表面，于是在定子、转子、相邻两叶片和两侧配油盘间便形成若干个容积可变的密封工作腔。当转子按图示方向旋转时，在离心力和根部压力油的作用下，叶片从槽中滑出压紧在定子内表面，并随定子内表面曲线的变化被迫在转子槽中往复滑动，相邻两叶片间密封工作腔的容积就会周期性增大或减小，增大时通过吸油窗口吸油，减小时通过压油窗口排油。

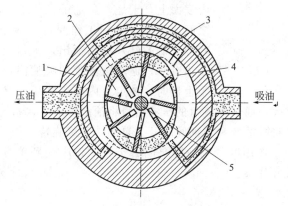

图 2-9　双作用叶片泵工作原理
1—定子；2—转子；3—叶片；4—配油盘；5—传动轴

在吸油区和压油区之间设有一段封油区，将吸油腔和压油腔隔开。转子每转一周，每个密封工作腔完成两次吸油和两次压油，所以称为双作用叶片泵。因为泵的两个吸油区和两个压油区在径向上是对称分布的，作用在转子和轴承上的径向液压力互相平衡，故又称为平衡式叶片泵。

2. 双作用叶片泵的特点

（1）叶片采用向转子旋转方向前方倾斜10°～14°角安放，目的是减小压力角，使叶片在槽内运动时的摩擦力降低，以利于叶片在槽内滑动。

（2）密封工作腔结构对称，排量不可调，是定量泵。

（3）定子内表面的四段过渡曲线，一般为等加速-等减速曲线或余弦曲线，目的是保证叶片在工作过程中压紧在定子内表面起密封作用，同时叶片在过渡曲线上滑动时，径向速度和加速度均匀，以减少定子内表面的磨损。

（4）双作用叶片泵径向力平衡，输油量均匀，运转平稳噪声小，为使其径向力保持平衡，故密封腔数（叶片数）应为偶数。

3. 双作用叶片泵的输出流量

由图 2-9 可以看出，叶片每伸缩一次，两相邻叶片间油液的排出量等于大半径圆弧段的容积与小半径圆弧段的容积之差。若叶片数为 z，叶片宽为 b，则双作用叶片泵每转的排油量等于环形体容积的 2 倍，即

$$V = 2\pi(R^2 - r^2)b \tag{2-12}$$

泵的实际输出流量为

$$q = Vn\eta_v = 2\pi(R^2 - r^2)bn\eta_v \tag{2-13}$$

从上式可以看出，双作用叶片泵的排量不可调节，为定量泵。

（二）单作用叶片泵

1. 单作用叶片泵结构与工作原理

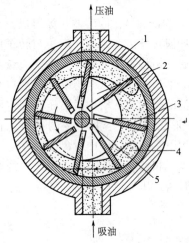

图 2-10 单作用叶片泵工作原理
1—定子；2—转子；3—叶片；
4—配油盘；5—传动轴

如图 2-10 所示，单作用叶片泵由定子 1、转子 2、叶片 3、配油盘 4 和传动轴 5 等组成。定子内表面为圆柱面，转子和定子安装时留有偏心量 e，叶片后倾 24°角装在转子槽中，并可在槽内灵活滑动，在转子旋转的离心力和叶片根部压力油作用下，叶片沿槽滑出压紧在定子内表面上，于是，在定子、转子、两相邻叶片和配油盘之间便形成了密封工作腔。当转子按图示方向旋转时，转至下侧的叶片沿槽滑出，密封腔容积逐渐增大，腔内压力减小，通过配流盘的吸油窗口进行吸油；当叶片转至上侧时，被定子内壁逐渐压回叶片槽内，密封腔容积逐渐减小，腔内压力增大，通过配流盘的压油窗口将油液排出进入系统。在吸油区和压油区之间设有一段封油区，将吸油腔和压油腔隔开。泵的转子每旋转一周，每个密封腔完成吸油和压油各一次，故称为单作用叶片泵。因泵的转子在工作中受到单方向的液压不平衡作用力，故又称为非平衡式叶片泵。

2. 单作用叶片泵的特点

（1）叶片后倾 24°角安放。叶片采用向转子旋转方向后方倾斜安放，以利于叶片从转子槽中滑出。

（2）输出油液的流量大小和方向可以改变。通过调节定子和转子之间偏心距 e 的大小，就能调节泵的输出流量；偏心反向时，吸油和压油方向也反向。

（3）径向力不平衡。由于转子旋转一周泵完成吸油和压油各一次，吸、压油区的液压油压力不等，因此对转子的径向作用力也不相等。

（4）额定压力较低。由于转子上所承受的不平衡径向力会随泵内压力的增高而增大，此力能使泵轴产生弯曲变形，加重转子对定子内表面的摩擦，所以此泵不宜用于高压。

3. 单作用叶片泵的输出流量

若定子内径为 D，叶片宽度为 b，定子与转子的偏心距为 e 时，则单作用叶片泵每转的排油量约为

$$V = 2\pi Deb \tag{2-14}$$

泵的实际输出流量为

$$q = Vn\eta_v = 2\pi Debn\eta_v \qquad (2\text{-}15)$$

从上式可以看出，只要改变偏心距的大小就可以调节泵的输出流量，因此单作用叶片泵常用作变量泵。由于其工作容积变化的不均匀性，导致了单作用叶片泵流量的脉动，脉动率随叶片个数的增多而减小，且奇数叶片的脉动率比偶数叶片的脉动率小，所以单作用叶片泵的叶片为奇数，一般为 13 或 15 个。

4. 限压式变量叶片泵

单作用式叶片泵可以做成多种形式的变量泵，最常用的是限压式变量泵。限压式变量叶片泵是一种特殊结构的叶片泵，它能根据输出压力的变化自动调节偏心距 e 的大小，从而改变输出流量，负载大时减少泵的输出量，保证液压泵无溢流损耗。限压式变量叶片泵有内反馈和外反馈两种形式。

图 2-11 所示为外反馈限压式变量叶片泵，该泵由单作用叶片泵和变量活塞、调压弹簧、调压螺钉等变量调节元件组成，液压泵出口经控制油路与活塞腔相通，转子中心固定，定子中心可以左右移动。液压泵未运转时，定子在限压弹簧作用下紧靠在活塞上，并将活塞压紧在调节螺钉上，此时，定子和转子之间有一初始偏心距 e_0，它决定了泵的最大流量，调节螺钉 5 就可改变 e_0。

当泵的出口压力 p 较低，小于限定压力 p_B 时，限压弹簧的预压缩量不变，定子不移动，最大偏心量 e 保持不变，泵的输出流量为最大。

当泵的出口压力升高，大于限定压力 p_B 时，油液压力克服弹簧力，推动定子向左移动，偏心量 e 减小，泵的输出流量也随之减小。

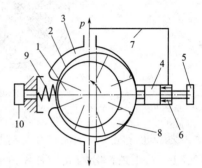

图 2-11 外反馈限压式变量
叶片泵工作原理

1—转子；2—定子；3—吸油窗口；
4—变量活塞；5—流量调节螺钉；
6—活塞腔；7—控制油路；8—压油
窗口；9—调压弹簧；10—调压螺钉

当泵的出口压力继续升高，达到极限压力 p_C 时，定子移动到最左端位置，偏心量 e 减为零，液压泵的输出流量为零。此时，无论泵的外负载如何增加，泵的出口压力都不会升高，故称此泵为限压式变量叶片泵。

五、柱塞泵

柱塞泵是利用柱塞在缸体内作往复运动，使密封工作腔容积产生变化来实现吸油和压油的，因其组成密封腔的柱塞和缸筒内壁均为圆柱形，所以加工精度高，配合间隙小，密封性能好，在高压下仍能保持较高的容积效率，且通过改变柱塞的行程就能调节输出流量，易于实现变量。与齿轮泵和叶片泵相比较，柱塞泵具有更高的工作压力和容积效率，结构紧凑，流量调控方便，因此被广泛应用在工程、冶金、煤矿等需要高压、大流量、大功率的机械设备上。

柱塞泵按照柱塞排列方式的不同，分为轴向柱塞泵和径向柱塞泵。径向柱塞泵由于结构复杂、制造困难、噪声大等缺点，应用远远不如轴向柱塞泵广泛。

（一）径向柱塞泵

1. 径向柱塞泵结构与工作原理

如图 2-12 所示，径向柱塞泵由转子 1、定子 2、柱塞 3、配流衬套 4 和配流轴 5 等组成。柱塞在缸体内呈径向均匀分布，转子与定子须偏置安装，配流衬套和转子紧密配合，套装在固定不动的配流轴上。转子在电机驱动下连同柱塞一起旋转，柱塞在离心力（有些结构是靠弹簧或低压油）作用下向外伸出压紧在定子内壁上。由于转子和定子间存在偏心距 e，当转子按图示方向旋转时，绕过上半周时柱塞向外伸出，柱塞底部的密封腔容积逐渐增大形成局部真空，经配流轴上的吸油孔 a 实现吸油；绕过下半周时柱塞由于定子内壁的限制回缩，柱塞底部的密封腔容积逐渐减小局部升压，经配流轴上的压油孔口 b 实现压油。转子每转一周，每个密封容积完成吸油、压油各一次，转子连续旋转，泵即连续不断地吸油、压油进行工作。

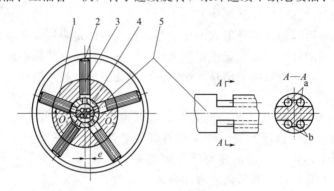

图 2-12　径向柱塞泵的工作原理

1—转子；2—定子；3—柱塞；4—配流衬套；5—配流轴

为了进行配油，配流轴在与衬套接触的一段上加工出上下两个缺口，形成吸油口 a 和压油口 b，留下的部分构成封油区。封油区的宽度应能够密封住衬套上的吸、压油孔，以防止吸、压油孔连通。

2. 径向柱塞泵的结构特点

径向柱塞泵具有很好的耐冲击性能，流量大，工作压力较高，工作可靠；但其径向尺寸大，结构复杂，自吸能力差，且配流轴在径向不平衡液压力的作用下易于磨损，泄漏间隙不易补偿。

3. 径向柱塞泵的输出流量

若柱塞直径为 d，柱塞个数为 z，偏心距为 e，则单根柱塞的排量 ΔV 为

$$\Delta V = Ah = \frac{\pi d^2}{4} \times 2e = \frac{\pi d^2}{2}e \tag{2-16}$$

若泵的转速为 n，容积效率为 η_v，径向柱塞泵的排量 V 和实际输出流量 q 分别为

$$V = \Delta V z = \frac{\pi d^2}{2}ez \tag{2-17}$$

$$q = \frac{\pi d^2}{2}ezn\eta_v \tag{2-18}$$

从上式可以看出，径向柱塞泵是变量泵，其输出流量可随偏心距 e 的调整而改变，如果改变偏心的方向，还可做成双向变量泵。由于径向柱塞泵的柱塞在缸孔中的移动速度是不断变化的，因此该泵的输出流量具有脉动性，柱塞个数较多且为奇数时流量脉动较小。

（二）轴向柱塞泵

1. 轴向柱塞泵结构与工作原理

与径向柱塞泵相反，轴向柱塞泵中的柱塞在缸体内是沿轴向均匀排列的。轴向柱塞泵有斜盘式（直轴式）和斜轴式两种，缸体轴线与泵轴轴线重合的为斜盘式（直轴式）轴向柱塞泵；缸体轴线与泵轴轴线形成夹角的为斜轴式轴向柱塞泵。由于斜盘式轴向柱塞泵制造相对

容易，价格相对便宜，因而在工业上应用更加广泛。

如图 2-13 所示，斜盘式轴向柱塞泵由斜盘 1、滑履 2、压盘 3、柱塞 5、缸体 7 和配油盘 10 等主要零件组成。柱塞均匀分布在缸体上的柱塞孔中并可在其中滑动，缸体由轴带动旋转，内套筒 4 在定心弹簧 6 的作用下，通过压盘 3 使柱塞头部的滑履 2 和斜盘靠牢，同时外套筒 8 使缸体 7 和配油盘 10 紧密接触，起密封作用。当缸体按图示方向转动时，由于斜盘和压盘的作用，迫使柱塞在缸体内作往复运动，在转角 $0 \sim \pi$ 范围内柱塞逐渐外伸，柱塞底部缸孔的密封腔容积不断增大，经配油盘的吸油窗口实现吸油；在转角 $\pi \sim 2\pi$ 范围内柱塞被斜盘逐渐推入缸体，柱塞底部缸孔密封腔容积逐渐减小，经配油盘的压油窗口实现排油。缸体每旋转一周，每根柱塞往复移动完成一次吸、压油动作。

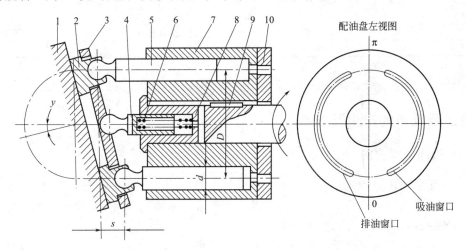

图 2-13　轴向柱塞泵的工作原理

1—斜盘；2—滑履；3—压盘；4—内套筒；5—柱塞；6—定心弹簧；
7—缸体；8—外套筒；9—轴；10—配油盘

2. 轴向柱塞泵的特点

轴向柱塞泵结构紧凑、径向尺寸小、工作压力高、容积效率高、运转平稳、流量均匀且调节方便，一般用于工程机械、煤矿机械等高压系统中；不足之处是该泵轴向尺寸较大，结构比较复杂，对油液污染敏感性强，制造工艺要求和使用与维护要求比较高。

3. 轴向柱塞泵的输出流量

柱塞数为 z，柱塞直径为 d，柱塞孔的分布圆直径为 D，斜盘倾角为 γ，则当缸体转动一周时泵的排量和实际输出流量分别为

$$V = \frac{\pi d^2}{4} D (\tan\gamma) z \tag{2-19}$$

$$q = \frac{\pi d^2}{4} D (\tan\gamma) z n \eta_v \tag{2-20}$$

从上面公式可以看出，如果改变斜盘倾角 γ 的大小，就能改变柱塞行程的长度，从而改变柱塞泵的排量和流量；若改变斜盘倾角的方向，就能改变吸油和压油的方向，即做成双向变量泵。由于柱塞在缸体中的运动速度是不断变化的，因此该泵的输出流量具有脉动性，当柱塞个数较多且为奇数时脉动比较小。

六、液压泵的选用

液压泵是液压系统的动力元件，合理选择液压泵对提高系统效率、降低系统能耗、降低

噪声和保证系统性能等十分重要。

　　液压泵的选择原则：根据主机工作情况，功率的大小，以及系统对工作性能的要求等，先确定液压泵的类型，再按照系统工作压力、输出流量的大小确定泵的规格型号。液压系统中常用液压泵的性能比较见表2-1。

表 2-1　常用液压泵的性能比较

性能	外啮合齿轮泵	双作用叶片泵	单作用叶片泵	轴向柱塞泵	径向柱塞泵	螺杆泵
输出压力	低压	中压	中压	高压	高压	低压
流量调节	定量不可调	定量不可调	变量可调	变量可调	变量可调	定量不可调
效率	低	较高	较高	高	高	较高
流量脉动	很大	很小	一般	一般	一般	最小
自吸特性	好	较差	较差	差	差	好
油污敏感性	不敏感	较敏感	较敏感	很敏感	很敏感	不敏感
噪声	大	小	较大	大	大	最小

知识拓展

一、液压泵噪声的产生及控制

（一）液压泵噪声的产生

　　（1）液压泵的压力和流量脉动引起液压泵构件的振动。这种振动还有可能引起谐振，谐振频率能达到流量脉动频率的2倍及2倍以上。若泵的基本工作频率以及谐振频率与系统的自然频率相一致，则噪声会大大加强。

　　（2）泵的工作腔从与吸油腔相通转入与压油腔相通，或从与压油腔相通转入与吸油腔相通时，所产生的流量和压力的突变，会加强噪声的影响。

　　（3）空穴现象。当泵吸油腔中的压力小于油液所在温度下的空气分离压时，溶解在油液中的空气会析出变成气泡，当油液进入泵的高压腔时气泡被压破，形成局部高频压力冲击，从而引起噪声。

　　（4）由于泵内管道通流截面突然扩大和缩小、急弯、通道截面过小而引起的液体紊流、旋涡及喷流，使噪声加大。

　　（5）由于轴承磨损、传动轴弯曲等机械原因引起的机械噪声。

（二）液压泵噪声的控制

　　（1）尽量消除液压泵内油液压力的急剧变化。

　　（2）在液压泵的出口处安装消声器，可以吸收泵的压力脉动和流量脉动。

　　（3）采用内径较大的吸油管，减小管道局部阻力；采用大容量吸油滤油器，防止空气混入油液等，防止空穴现象的产生。

　　（4）泵的压油管选用橡胶软管进行隔振；装在油箱上的泵使用橡胶垫进行减振。

　　（5）合理设计液压泵，提高零件刚度以减少机械噪声。

二、液压泵常见故障及排除

（一）齿轮泵常见的故障及排除方法

　　齿轮泵常见的故障及排除方法见表2-2。

表 2-2　齿轮泵常见的故障及排除方法

故障现象	产生原因	排除方法
泵噪声过大	(1)吸油管路或滤油器部分堵塞 (2)吸油口连接处密封不严,有空气进入 (3)吸油高度太大,油箱液面低 (4)从泵轴油封处有空气进入 (5)端盖螺钉松动 (6)泵与联轴器不同轴或松动 (7)液压油黏度太大 (8)吸油口过滤的通流能力小 (9)转速太高 (10)齿形精度不高或接触不良,泵内零件损坏 (11)轴向间隙过小,齿轮内孔与端面垂直度超差或泵盖上两孔平行度超差 (12)溢流阀阻尼孔堵塞 (13)管路振动	(1)除去污物,使吸油管路畅通 (2)加强密封,紧固连接件 (3)降低吸油高度,向油箱加油 (4)更换油封 (5)适当拧紧 (6)重新安装,使其同轴心,紧固连接件 (7)更换黏度适当的液压油 (8)更换通流能力较大的过滤器 (9)使转速降至允许最高转速以下 (10)研磨修整或更换齿轮,更换损坏零件 (11)检查并修复有关零件 (12)拆卸、清洗溢流阀 (13)采取隔离消振措施
泵输出流量不足,甚至完全不排油	(1)电动机转向不对 (2)油箱液面过低 (3)吸油管路或过滤器堵塞 (4)电动机转速过低 (5)油液黏度过大 (6)泵内零件间磨损、间隙过大	(1)纠正转向 (2)补油至油标线 (3)疏通吸油管路,清洗过滤器 (4)使转速到液压泵的最低转速以上 (5)检查油质 (6)更换或重新配研零件
泵输出油压力低或没有压力	(1)溢流阀失灵 (2)侧板和轴套与齿轮端面严重摩擦 (3)泵端面螺钉松动	(1)调整、拆卸、清洗溢流阀 (2)修理或更换侧板和轴套 (3)拧紧螺钉
泵温升过高	(1)压力过高,转速太快 (2)油液黏度过大 (3)油箱散热条件差 (4)侧板和轴套与齿轮端面严重摩擦 (5)油箱容积太小	(1)调整压力阀,降低转速到规定值 (2)合理选用黏度适宜的油液 (3)加大油箱容积或增加冷却装置 (4)修理或更换侧板和轴套 (5)加大油箱,扩大散热面积
外泄漏	(1)密封圈损伤 (2)密封表面不良 (3)泵内零件间磨损,间隙过大 (4)组装螺钉过松	(1)更换密封圈 (2)检查修理 (3)更换或重新配研零件 (4)拧紧螺钉

(二) 叶片泵常见的故障与排除方法

叶片泵常见的故障及排除方法见表 2-3。

表 2-3　叶片泵常见的故障及排除方法

故障现象	产生原因	排除方法
泵噪声过大	(1)吸油管路或过滤器部分堵塞 (2)吸油口连接处密封不严,有空气进入 (3)吸油高度太大,油箱液面低 (4)泵与联轴器不同轴或松动 (5)连接螺钉松动 (6)液压油黏度太大,吸油口过滤器的通流能力小 (7)定子内表面拉毛 (8)定子吸油区内表面磨损 (9)个别叶片运动不灵活或装反	(1)除去污物,使吸油管路畅通 (2)加强密封,紧固连接件 (3)降低吸油高度,向油箱加油 (4)重新安装,使其同轴心,紧固连接件 (5)适当拧紧 (6)更换黏度适当的液压油,更换通流能力较大的过滤器 (7)抛光定子内表面 (8)将定子翻转装入 (9)逐个检查、重装,不灵活叶片重新研配

故障现象	产生原因	排除方法
泵输出流量不足,甚至完全不排油	(1)电动机转向不对 (2)油箱液面过低 (3)吸油管路或过滤器堵塞 (4)电动机转速过低 (5)油液黏度过大 (6)配油盘端面磨损 (7)叶片与定子内表面接触不良 (8)叶片在叶片槽内卡死或移动不灵活 (9)连接螺钉松动 (10)溢流阀失灵	(1)纠正转向 (2)补油至油标线 (3)疏通吸油管路,清洗过滤器 (4)使转速到液压泵的最低转速以上 (5)检查油质,更换黏度适合的液压油或提高油温 (6)修磨端面或更换配油盘 (7)修磨接触面或更换叶片 (8)逐个检查,对移动不灵活的叶片重新研配 (9)适当拧紧 (10)调整、拆卸、清洗溢流阀
泵温升过高	(1)压力过高,转速太快 (2)油液黏度过大 (3)油箱散热条件差 (4)配油盘与转子严重摩擦 (5)油箱容积太小 (6)叶片与定子内表面磨损严重	(1)调整压力阀,降低转速到规定值 (2)合理选用黏度适宜的油液 (3)加大油箱容积或增加冷却装置 (4)修理或更换配油盘或转子 (5)加大油箱,扩大散热面积 (6)修磨或更换叶片、定子,采取措施减小磨损
外泄漏	(1)密封圈损伤 (2)密封表面不良 (3)泵内零件间磨损、间隙过大 (4)组装螺钉过松	(1)更换密封圈 (2)检查修理 (3)更换或重新配研零件 (4)拧紧螺钉

(三) 柱塞泵常见的故障及排除方法

柱塞泵常见的故障及排除方法见表 2-4。

表 2-4　柱塞泵常见的故障及排除方法

故障现象	产生原因	排除方法
泵噪声过大	(1)吸油管路或过滤器部分堵塞 (2)吸油口连接处密封不严,有空气进入 (3)吸油高度太大,油箱液面低 (4)从泵轴油封处有空气进入 (5)泵与联轴器不同轴或松动 (6)油箱上的通气孔堵塞 (7)液压油黏度太大 (8)吸油口过滤器的通流能力小 (9)转速太高 (10)溢流阀阻尼孔堵塞 (11)管路振动	(1)除去污物,使吸油管路畅通 (2)加强密封,紧固连接件 (3)降低吸油高度,向油箱加油 (4)更换油封 (5)重新安装,使其同轴心,紧固连接件 (6)清洗油箱上的通气孔 (7)更换黏度适当的液压油 (8)更换通流能力较大的过滤器 (9)使转速降至允许最高转速以下 (10)拆卸、清洗溢流阀 (11)采取隔离消振措施
泵输出流量不足甚至完全不排油	(1)电动机转向不对 (2)油箱液面过低 (3)吸油管路或过滤器堵塞 (4)电动机转速过低 (5)油液黏度过大 (6)柱塞与缸体或配油盘与缸体间磨损,引起缸体与配油盘间失去密封 (7)弹簧折断,柱塞回程不够或不能回程	(1)纠正转向 (2)补油至油标线 (3)疏通吸油管路,清洗过滤器 (4)使转速到液压泵的最低转速以上 (5)检查油质,更换黏度适合的液压油或提高油温 (6)更换柱塞,修磨配流盘与缸体的接触面,保证接触良好 (7)检查或更换中心弹簧

故障现象	产生原因	排除方法
泵输出油压力低或没有压力	(1)溢流阀失灵 (2)柱塞与缸体或配油盘与缸体间严重损坏,引起缸体与配油盘间失去密封 (3)变量机构倾角太小	(1)调整、拆卸、清洗溢流阀 (2)更换柱塞,修磨配流盘与缸体的接触面,保证接触良好 (3)检查变量机构,纠正其调整误差
泵温升过高	(1)压力过高,转速太快 (2)油黏度过大 (3)油箱散热条件差 (4)柱塞与缸体运动不灵活,甚至卡死,柱塞球头折断,滑靴脱落、磨损严重 (5)油箱容积太小	(1)调整压力阀,降低转速到规定值 (2)合理选用黏度适宜的油液 (3)加大油箱容积或增加冷却装置 (4)修磨柱塞与缸体的接触面,保证接触良好,检查、更换柱塞球头和滑轮 (5)加大油箱,扩大散热面积
外泄漏	(1)密封圈损伤 (2)密封表面不良 (3)组装螺钉过松	(1)更换密封圈 (2)检查修理 (3)拧紧螺钉

任务实施

为实现本项目的任务目标,请教师按照学习性工作任务单要求,分组组织任务实施,完成工作任务内容,并组织学生按要求完成任务实施记录。学习性工作任务单见表 2-5。

表 2-5　学习性工作任务单

任务名称:液压泵的识别与拆装	地点:实训室
专业班级:	学时:6 学时
第＿＿＿组,组长:　　　成员:	

一、工作任务内容
1. 拆装齿轮泵,掌握齿轮泵的工作原理、结构特点及应用范围。
2. 拆装叶片泵,掌握叶片泵的工作原理、结构特点及应用范围。
3. 拆装柱塞泵,掌握柱塞泵的工作原理、结构特点及应用范围。
二、设备与工具
液压泵型号:CB-B 型齿轮泵、双作用式叶片泵、斜盘式轴向柱塞泵、内六角扳手、活动扳、螺丝刀、弹簧钳子等。
三、拆装要点
1. 正确选取拆装工具和量具。
2. 拆卸程序是否正确。
3. 所使用的工艺方法是否得当,是否符合技能规范。
4. 能够正确地对零件进行外部检查。
5. 装配完毕后工具的整理是否符合规范。
四、任务实施记录
1. 齿轮泵拆装与性能分析
(1) 将外啮合齿轮泵拆卸后的图片粘贴在此处,按照拆卸顺序标出序号并写出零件名称。
(2) 叙述外啮合齿轮泵的工作原理。
(3) 解析齿轮泵的困油现象及解决措施?
(4) 齿轮泵的泄漏途径有哪些,如何解决?
(5) 产生径向力不平衡的因素是什么? 如何解决?
(6) 限制齿轮泵压力提高的因素有哪些? 如何解决?
2. 叶片泵拆装与性能分析
(1) 将双作用叶片泵拆卸后的图片粘贴在此处,按照拆卸顺序标出序号并写出零件名称。
(2) 分别写出单、双作用叶片泵的概念。
(3) 分别写出单、双作用叶片泵的工作原理。
(4) 分析单、双作用叶片泵的结构特点。

① 单双作用叶片泵叶片数分别是奇数还是偶数？为什么？

② 单双作用叶片泵叶片沿旋转方向前倾还是后倾？为什么？

③ 单双作用叶片泵为什么都不宜用于高压系统？

④ 单双作用叶片泵容积增大时叶片依靠什么力向外移动？

⑤ 配油盘上的三角槽（眉毛槽）起什么作用？

3. 柱塞泵拆装与性能分析

(1) 将轴向柱塞泵拆卸后的图片粘贴在此处，按照拆卸顺序标出序号并写出零件名称。

(2) 叙述轴向柱塞泵的工作原理。

(3) 轴向柱塞泵是如何实现变量的？

小组得分：	指导教师签字：

巩固练习

一、填空题

1. 液压泵是一种将机械能转换为_____的能量转换装置，是液压系统中的动力元件。

2. 液压泵是依靠密封工作腔的容积变化来实现_____的，因而称为_____式液压泵。

3. 液压泵实际工作时的输出压力称为液压泵的_____压力。液压泵在正常工作条件下，按试验标准规定连续运转的最高压力称为液压泵的_____压力。

4. 液压泵主轴每旋转一周所排出液体体积的理论值称为_____。

5. 常用液压泵按结构不同有_____、_____、_____三种。

6. 从排量是否可调上分，单作用叶片泵为_____泵，双作用叶片泵为_____泵。

二、选择题

1. 液压传动系统是依靠密封腔中液体的静压力来传递力的，如（   ）。

A. 万吨水压机   B. 离心式水泵   C. 水轮机   D. 液压变矩器

2. 齿轮泵泵体的磨损一般发生在（   ）。

A. 压油腔一侧   B. 吸油腔一侧   C. 啮合线两端

3. 下列属于定量泵的是（   ）。

A. 齿轮泵   B. 单作用叶片泵   C. 轴向柱塞泵

4. 柱塞泵中的柱塞往复运动一次，完成一次（   ）。

A. 吸油   B. 压油   C. 吸油和压油

5. 液压泵常用的压力中，（   ）是随外负载的变化而变化的。

A. 液压泵的工作压力   B. 液压泵的最高允许压力

C. 液压泵的额定压力

6. 机床液压系统中，常用（   ）泵，其特点是压力中等，流量和压力脉动小，工作平稳。

A. 齿轮   B. 叶片   C. 柱塞

7. 改变轴向柱塞泵斜盘倾斜角的大小和方向，可改变（   ）。

A. 流量大小   B. 油液流动方向   C. 流量大小和油液流动方向

8. 液压泵在正常工作条件下，按试验标准规定连续运转的最高压力称为（   ）。

A. 实际流量   B. 理论流量   C. 额定流量

9. 在没有泄漏的情况下，根据液压泵的几何尺寸计算得到的流量称为（　　）。

　　A. 工作压力　　　B. 最高允许压力　　　C. 额定压力

10. 驱动液压泵的电动机功率应比液压泵的输出功率大，是因为（　　）。

　　A. 泄漏损失　　　B. 摩擦损失　　　C. 溢流损失　　　D. 前两种损失

11. 齿轮泵多用于（　　）系统，叶片泵多用于（　　）系统，柱塞泵多用于（　　）系统。

　　A. 高压　　　B. 中压　　　C. 低压

12. 液压泵的工作压力取决于（　　）。

　　A. 功率　　　B. 流量　　　C. 效率　　　D. 负载

三、判断题

1. 容积式液压泵输油量的大小，取决于密封腔容积的大小。　　　　　　　　（　　）

2. 齿轮泵的吸油口制造得比压油口大，是为了减小径向不平衡力。　　　　（　　）

3. 叶片泵的转子能正、反两个方向旋转。　　　　　　　　　　　　　　　（　　）

4. 单作用泵如果反接就可成为双作用泵。　　　　　　　　　　　　　　　（　　）

5. 外啮合齿轮泵中，轮齿不断进入啮合一侧的油腔是吸油腔。　　　　　　（　　）

6. 理论流量是指考虑泄漏损失时，液压泵在单位时间内实际输出的油液体积。（　　）

7. 双作用叶片泵可以做成变量泵。　　　　　　　　　　　　　　　　　　（　　）

8. 定子与转子偏心安装，改变偏心距可改变泵的排量，因此径向柱塞泵为变量泵。

　　　　　　　　　　　　　　　　　　　　　　　　　　　　　　　　（　　）

9. 柱塞泵压力最高，齿轮泵容积效率最低，双作用叶片泵噪声最小。　　　（　　）

10. 双作用叶片泵转子每旋转一周，每个密封腔容积完成两次吸油和压油。（　　）

11. 轴向柱塞泵是通过改变斜盘的倾角来实现输出流量的变化的。　　　　（　　）

12. 斜盘式轴向柱塞泵由于有回程机构的作用，因此具有较好的自吸能力。（　　）

四、简答题

1. 齿轮泵工作时油液的泄漏途径有哪些？

2. 简述叶片泵的结构特点。

3. 何谓液压泵的排量、理论流量和实际流量？

4. 何谓定量泵和变量泵？

5. 何谓液压泵的工作压力、额定压力和最高工作压力？

6. 常用的液压泵有哪三大类？各有何主要优缺点？

7. 为什么齿轮泵通常只能做低压泵使用？

五、计算题

1. 已知轴向柱塞泵的压力 $p=15$MPa，理论流量 $q_t=330$L/min，设液压泵的总效率 $\eta_v=0.9$，机械效率 $\eta_m=0.93$。求：液压泵的实际流量和驱动电动机的功率。

2. 某液压系统，液压泵排量 $V=15$mL/r，电动机转速 $n=1200$r/min，液压泵的输出压力 $p=3$MPa，液压泵的容积效率 $\eta_v=0.92$，总效率 $\eta=0.84$。求：

（1）液压泵的理论流量；

（2）液压泵的实际流量；

（3）液压泵的输出功率；

（4）驱动电动机的功率。

3. 某液压泵的转速 $n=950$r/min，排量 $V=168$mL/r，在额定压力 $p=30$MPa 且转速

相同的条件下，测得的实际流量 $q = 150\text{L/min}$，额定工况下的总效率为 $\eta = 0.87$。求：

(1) 液压泵的理论流量；

(2) 液压泵的容积效率和机械效率；

(3) 液压泵在额定工况下，所需驱动电动机的功率。

项目三　液压缸的识别与应用

【项目描述】

液压缸是液压系统中常用的一类执行元件，是将液压泵提供的液压能转变为机械能的能量转换装置，主要用于实现机构的直线往复运动或摆动运动，输出力、速度和角速度。液压缸除单个使用外，还可以几个组合起来或和其他机构组合起来，以完成特殊的功用。液压缸结构简单，工作可靠，在液压系统中得到了广泛的应用。本项目主要研究液压缸的分类及特点；液压缸的结构与组成等内容，为液压缸的拆装、使用与维护奠定基础。

【项目目标】

知识目标：
① 掌握液压缸的类型与结构特点。
② 掌握单杆活塞液压缸三种通油方式下的活塞运动速度和推力的计算。
③ 掌握差动液压缸的工作原理和活塞运动速度及推力的计算。
④ 了解液压缸的典型结构及液压缸结构尺寸的设计。
⑤ 了解液压执行元件的常见故障及排除方法。

能力目标：
① 能正确拆装液压缸。
② 能运用所学知识分析判断液压缸常见故障。

【相关知识】

一、液压缸的分类和特点

液压缸的类型较多，按用途可分为两大类，即普通液压缸和特殊液压缸。

普通液压缸按其作用方式分为单作用式和双作用式。单作用式液压缸在液压力的作用下只能向一个方向运动，其反方向运动需要靠重力或弹簧力等外力来实现；双作用式液压缸靠液压力可实现正、反两个方向的运动。特殊液压缸包括伸缩套筒式、齿条液压缸、增压缸和增速缸等几大类。

液压缸按其结构形式，可以分为活塞缸、柱塞缸和摆动缸三类。活塞缸和柱塞缸实现往复运动，输出推力和速度；摆动缸则能实现小于 $360°$ 的往复摆动，输出转矩和角速度。其中活塞式液压缸应用最广泛。下面介绍几种常用的液压缸。

（一）活塞式液压缸

活塞式液压缸分为双杆式和单杆式两种结构，根据安装方式不同又可以分为缸筒固定式和活塞杆固定式两种。

1. 双杆式活塞缸

双杆式活塞缸的活塞两端都有一根直径相等的活塞杆伸出。如图 3-1(a) 为缸筒固定式的双杆活塞缸。它的进、出油口布置在缸筒两端，通过活塞杆带动工作台移动，当活塞的有效行程为 l 时，整个工作台的运动范围为 $3l$，机床占地面积大，一般适用于小型机床。当工作台行程要求较长时，可采用图 3-1(b) 所示的活塞杆固定的形式，活塞杆通过支架固定在机床上，缸体与工作台相连，动力由缸体传出，这种安装形式中，工作台的移动范围只等于液压缸有效行程 l 的两倍（$2l$），因此占地面积小。进出油口可以设置在固定不动的空心的活塞杆的两端，也可设置在缸体的两端，但必须使用软管连接。

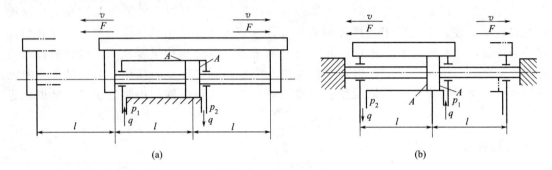

图 3-1　双杆式活塞缸

由于双杆活塞缸两端的活塞杆直径通常是相等的，因此它左、右两腔的有效面积也相等。当分别向左、右腔输入相同压力和相同流量的油液时，液压缸左、右两个方向的推力和速度相等，当活塞的直径为 D，活塞杆的直径为 d，液压缸进、出油腔的压力为 p_1 和 p_2，输入流量为 q 时，活塞的有效工作面积为 A，双杆活塞缸的推力 F 和速度 v 为

$$F = (p_1 - p_2)A = \frac{\pi}{4}(D^2 - d^2)(p_1 - p_2) \qquad (3\text{-}1)$$

$$v = \frac{q}{A} = \frac{4q}{\pi(D^2 - d^2)} \qquad (3\text{-}2)$$

2. 单杆式活塞缸

如图 3-2 所示，活塞只有一端带活塞杆的液压缸称为单杆活塞缸。单杆液压缸也有缸体固定和活塞杆固定两种形式，但它们的工作台移动范围都是活塞有效行程的两倍。单杆活塞

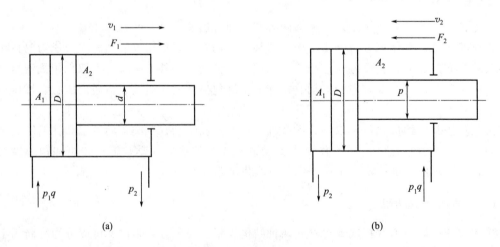

图 3-2　单杆式活塞缸

缸由于活塞两端有效面积不等，以相同流量和压力的油液分别进入液压缸的左、右腔，液压缸正反两个方向输出的推力和速度不等。

（1）无杆腔进油、有杆腔回油。如图 3-2(a) 所示，活塞输出的力 F_1 和速度 v_1 分别为

$$F_1 = p_1 A_1 - p_2 A_2 = \frac{\pi}{4} [(p_1 - p_2) D^2 + p_2 d^2] \tag{3-3}$$

$$v_1 = \frac{q}{A_1} = \frac{4q}{\pi D^2} \tag{3-4}$$

（2）有杆腔进油、无杆腔回油。如图 3-2(b) 所示，活塞输出的力 F_2 和速度 v_2 分别为

$$F_2 = p_1 A_2 - p_2 A_1 = \frac{\pi}{4} [(p_1 - p_2) D^2 - p_1 d^2] \tag{3-5}$$

$$v_2 = \frac{q}{A_2} = \frac{4q}{\pi (D^2 - d^2)} \tag{3-6}$$

对上述式(3-3)~式(3-6) 比较可知，$v_1 < v_2$、$F_1 > F_2$，即无杆腔进油时，输出力大，速度低；有杆腔进油时，输出力小，速度高。因此，单杆活塞缸常用于一个方向有负载且运行速度较低、另一个方向为空载快速退回运动的设备。如各种压力机、金属切削机床、起重机的液压系统中常用单杆活塞缸。

（3）差动连接。如图 3-3 所示，如果向单杆活塞缸的左右两腔同时通入压力油，由于左腔（无杆腔）的有效面积大于右腔（有杆腔）的有效面积，故活塞向右运动，同时使右腔中排出的油液也进入左腔，加大了流入左腔的流量，从而也加快了活塞移动的速度，这种连接方式称为液压缸差动连接，差动连接的单杆液压缸称为差动液压缸。实际上活塞在运动时，由于差动缸两腔间的管路中有压力损失，所以右腔中油液的压力稍大于左腔油液压力，而这个差值一般都较小可以忽略不计。

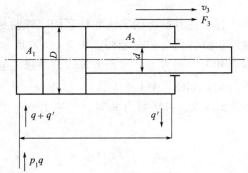

图 3-3　差动缸

差动连接时，活塞输出的力 F_3 和速度 v_3 为

$$F_3 = p_1 (A_1 - A_2) = p_1 \frac{\pi}{4} d^2 \tag{3-7}$$

$$v_3 = \frac{4q}{\pi d^2} \tag{3-8}$$

比较可知，$F_1 > F_3$，$v_1 < v_3$。即单杆活塞缸差动连接时能使液压缸获得很小的推力和很高的速度。由此可知，差动连接时液压缸的推力比非差动连接时小，速度比非差动连接时大，正好利用这一点，可使在不加大油源流量的情况下得到较快的运动速度。因此，单杆活塞缸常用在需要实现"快进（差动连接）→工进（无杆腔进油）→快退（有杆腔进油）"工作循环的组合机床等液压系统中。

如果要求快速运动和快速退回速度相等，则可得

$$D = \sqrt{2} d \tag{3-9}$$

（二）柱塞式液压缸

柱塞缸是一种单作用液压缸，柱塞与工作部件连接，缸筒固定在机体上。当压力油进入缸筒时，推动柱塞带动运动部件向右运动，但反向退回时必须靠其他外力或自重驱动。柱塞缸通常成对反向布置使用。

活塞式液压缸的活塞与缸筒内孔之间要求较高的配合精度，在缸筒较长时，加工就很困难，而如图3-4所示的柱塞式液压缸就可以解决这个困难。主要特点是柱塞与缸筒无配合要求，缸筒内孔不需精加工，甚至可以不加工。运动时由缸盖上的导向套来导向，所以它特别适用在行程较长的场合。为了减轻柱塞重量，减小柱塞的弯曲变形，柱塞常被做成空心的，行程特别长的柱塞缸还可以在缸筒内为柱塞设置各种不同形式的辅助支承，以增强其刚性。

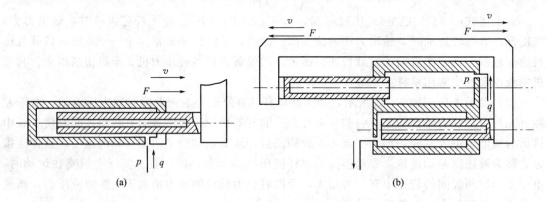

图3-4　柱塞式液压缸

柱塞液压缸和活塞液压缸一样，也有缸筒固定式和柱塞固定式两种安装形式，它们对工作机构移动范围的影响和活塞液压缸的情况完全相同。图3-4(a) 所示柱塞液压缸只能单方向向右移动，反向退回时则须靠外力，如重力、弹簧力等。若要求往复运动时，可由两个柱塞液压缸分别完成相反方向的运动，如图3-4(b) 所示。

当柱塞直径为d、输入油液流量为q、压力为p时，柱塞上所产生的推力F和速度v分别为

$$F = pA = p\,\frac{\pi}{4}d^2 \tag{3-10}$$

$$v = \frac{q}{A} = \frac{4q}{\pi d^2} \tag{3-11}$$

（三）摆动式液压缸

摆动式液压缸也称摆动液压马达。当它通入压力油时，它的主轴能输出小于360°的摆动运动，常用于工夹具夹紧装置、送料装置、转位装置以及需要周期性进给的系统中。

摆动式液压缸主要用来驱动作间歇回转运动的工作机构，例如回转夹具、液压机械手、分度机械等装置。分单叶片式和双叶片式两种。图3-5(a) 为单叶片式摆动液压缸。当压力油从左下方油口进入缸筒时，叶片和叶片轴在压力油作用下作逆时针方向转动，摆动角度一般小于300°，回油从缸筒左上方的油口流出。

若叶片的宽度为b，缸的内径为D，输出轴直径为d，叶片数为Z，在进油压力为p、流量为q，且不计回油腔压力时，摆动液压缸输出的转矩T和角速度ω为

$$T = Zp \cdot \frac{b}{2} \frac{D-d}{2} \times \frac{D+d}{2} = \frac{Zpd(D^2-d^2)}{8} \qquad (3\text{-}12)$$

$$\omega = \frac{pq}{T} = \frac{8q}{Zb(D^2-d^2)} \qquad (3\text{-}13)$$

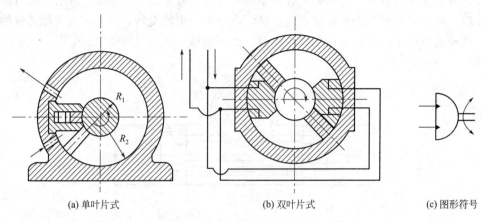

(a) 单叶片式　　　　　　　　(b) 双叶片式　　　　　　(c) 图形符号

图 3-5　摆动液压缸

图 3-5（b）为双叶片式摆动液压缸。图中缸筒的左上方和右下方两个油口同时通入压力油，两个叶片在压力油的作用下使叶片轴作顺时针转动，摆动角度一般小于 150°，回油从缸筒右上方和左下方两个油口流出。双叶片式摆动液压缸与单叶片式相比，摆动角度小，但在同样大小结构尺寸下转矩增大一倍，且具有径向压力平衡的优点。

（四）特殊液压缸

1. 伸缩液压缸

伸缩液压缸由两个或多个活塞式或柱塞式液压缸组装而成，它的前一级缸的活塞杆或柱塞是后一级缸的缸筒。这种伸缩液压缸在各级活塞杆或柱塞依次伸出时可获得很长的行程，而当它们缩入后又能使液压缸的轴向尺寸很短。图 3-6 所示为一种双作用式伸缩液压缸。当压力油通入缸筒的左腔或右腔时，各级活塞按其有效作用面积的大小依次动作，伸出时作用面积大的先动，小的后动；缩回时动作次序反之。伸缩缸各级活塞的运动速度和推力是不同

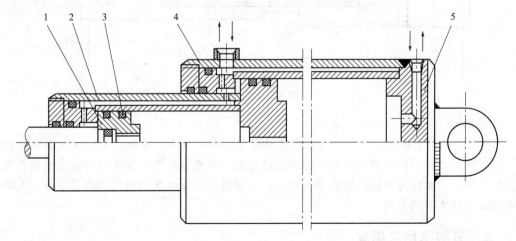

图 3-6　双作用式伸缩液压缸

1—活塞；2—套筒；3—O 形密封圈；4—缸筒；5—缸盖

的，其值可按活塞液压缸的有关公式来计算。伸缩液压缸特别适用于工程机械及自动线步进式输送装置。

2. 齿条活塞液压缸

齿条活塞液压缸由两个活塞和一套齿条齿轮传动装置组成，如图3-7所示。压力油进入液压缸后，推动具有齿条的活塞做直线运动，齿条带动齿轮旋转，用来实现工作部件的往复摆动。这种液压缸常用在机床的回转工作台、液压机械手等机械设备上。

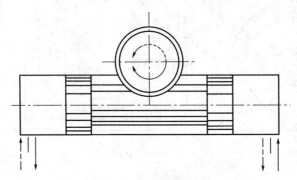

图 3-7 齿条活塞液压缸

3. 增压缸（增压器）

图3-8所示为一种由活塞缸和柱塞缸组合而成的增压缸，用以使低压系统中的局部区域获得高压。在这里，活塞缸中活塞的有效作用面积大于柱塞的有效作用面积，所以以向活塞缸无杆腔送入低压油 p_a 时，可以在柱塞缸里得到高压油 p_b。它们之间的关系为

$$p_b = p_a \left(\frac{D}{d} \right)^2 = K p_a \tag{3-14}$$

式中，$K = \left(\dfrac{D}{d} \right)^2$ 称为增压比，它表示增压缸的增压能力。需要说明的是，增压缸不是将液压能转换为机械能的执行元件，而是传递液压能、使之增压的器具。

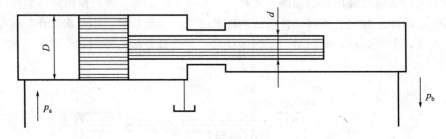

图 3-8 增压缸

4. 增速缸

图3-9所示增速缸是由活塞缸与柱塞缸复合而成的。当压力油经柱塞孔进入增速缸的小腔1时，推动活塞快速右移，此时大腔2需要充液，活塞输出推力较小。当压力油进入增速缸大腔2时，活塞转为慢进，输出推力增大。采用增速缸使得执行机构获得了尽可能大的运动速度，且功率利用合理。

二、液压缸的结构与组成

图3-10所示为单杆活塞液压缸的结构，它主要由缸体组件（缸底1、缸筒7、缸头18）、

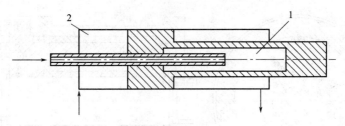

图 3-9　增速缸

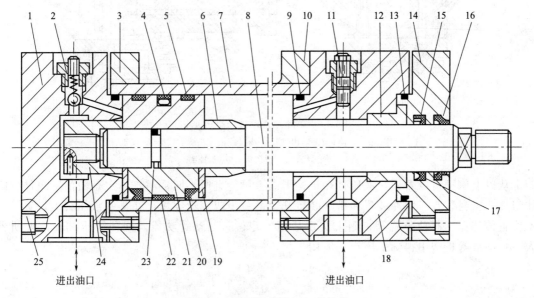

图 3-10　单杆活塞液压缸的结构

1—缸底；2—带放气孔的单向阀；3,10—法兰；4—格来圈密封；5,22—导向环；
6—缓冲套；7—缸筒；8—活塞杆；9,13,23—O 形密封圈；
11—缓冲节流阀；12—导向套；14—缸盖；15—斯特圈密封；
16—防尘圈；17,20—Y 形密封圈；18—缸头；19—护环；
21—活塞；24—无杆端缓冲套；25—连接螺钉

活塞组件（活塞 21、活塞杆 8）、缓冲装置（缓冲套 6 和 24、节流阀 11）、排气装置（带放气孔的单向阀 2）、密封装置，以及导向套 12 等组成。缸筒 7 与法兰 3、10 焊接成一个整体，然后通过螺钉与缸底 1、缸头 18 连接。图中表示了活塞与缸筒、活塞杆与缸盖之间的两种密封形式：上部为橡塑组合密封，下部为唇形密封。该液压缸具有双向缓冲功能，工作时泵的来油经进油口、单向阀进入工作腔，推动活塞运动，当活塞运动到终点前，缓冲套切断油路，排油只能经节流阀排出，起节流缓冲作用（图中一端只画了单向阀，一端只画了节流阀）。

　　图 3-11 所示为单叶片摆动液压缸的结构。它也是由缸体组件（缸体 2、隔板 4、左端盖 5、右端盖 6）、叶片组件（回转叶片 1、轴 3）和密封装置等组成。由叶片和隔板外缘所嵌的框形密封件 7 来保证两个工作腔的密封。压力油从管接头 8 经过滤器 9 和右端盖 6 上的油道 a 进入缸体工作腔，叶片在液压力推动下带动输出轴 3 回转，另一工作腔的油液从右端盖 6 上的油道 b 排出。交换进、出油口，可使摆动缸换向反转。有些摆动缸还在其叶片或隔板上做出一些能起缓冲作用的沟槽，防止叶片在回转终端处与隔板发生撞击。

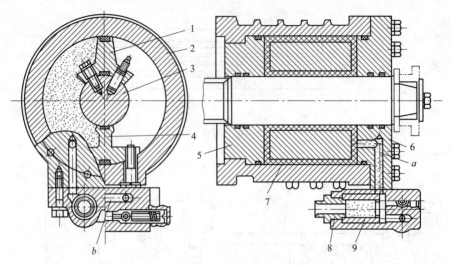

图 3-11　单叶片摆动液压缸的结构

1—叶片；2—缸体；3—输出轴；4—隔板；5—左端盖；6—右端盖；

7—密封件；8—管接头；9—过滤器

从以上例子可以看到，液压缸在结构形式上可能有所不同，但基本上是由活塞组件、缸体组件、密封装置、缓冲装置和排气装置几个部分组成。近年来，在某些液压缸上设置了活塞位置传感器、制动装置等，用来实现活塞的定位、制动等功能，这种液压缸在工业机器人、自动线等机构中得到了广泛的应用。

一、液压缸的安装与维护

（一）液压缸的安装

液压缸的安装方式有多种，如表 3-1 所示。每种安装方式的特点见表中说明。在具体安装中要根据机器的安装条件、受外负载作用力的情况及液压缸稳定性的优劣来选择安装方式。

表 3-1　液压缸的安装方式

安装方式		安装简图	说明
法兰型	头部内法兰		头部法兰型安装螺钉受到的拉力较大；尾部法兰型安装螺钉受力较小
	头部外法兰		
	尾部法兰		

安装方式		安装简图	说明
销轴型	头部销轴		
	中间销轴		液压缸在垂直面内可以摆动。尾部销轴型安装时,活塞杆受到弯曲作用最大,中间销轴型其次,头部销轴型最小
	尾部销轴		
耳环型	尾部单耳环		液压缸在垂直面可以摆动
	尾部双耳环		
底座型	径向底座型		径向底座型安装时,液压缸受到倾翻力矩小,切向底座型和轴向型受到的倾翻力矩大
	切向底座型		
	轴向底座型		

安装方式		安装简图	说明
球头球	尾部球头		液压缸可在一定空间内摆动

在液压缸采用底座或法兰连接时，其活塞杆受外负载作用力的方向应与缸体轴线一致。当液压缸所受外负载作用力的方向在液压缸转动平面内时，可采用销轴或耳环连接。当外负载作用力在空间的一定范围内变动时，可采用球头连接，以保证液压缸轴线与外负载作用方向一致。在可能的条件下，应采用在前缸盖上安装连接，这对液压缸的稳定性最有利。

安装时应仔细检查液压缸活塞杆是否弯曲。对于底座式或法兰式液压缸可通过在底座或法兰前设置挡块的方法，力求安装螺栓不直接承受负载，以减小倾翻力矩；对于销轴式或耳环式液压缸，应使活塞杆顶端的连接头方向与耳轴方向一致，以保证活塞杆的稳定性。对于行程较长和油温较高的液压缸，一端应保持浮动，以补偿热膨胀的影响。安装好的液压缸活塞在缸内移动应灵活，无阻滞现象；缓冲机构不得失灵，各项安装精度应符合技术要求。

（二）液压缸的维护

液压缸的正确使用与精心维护对其能否正常工作有很大影响。正确的使用与维护，可防止机件过早磨损和遭受不应有的磨损，使其经常保持良好状态，发挥应有的效能。为此，要注意以下事项：

（1）液压缸在污染严重的环境中工作时，对活塞杆要加防尘措施。

（2）注意液压缸对工作介质的要求。一般液压缸所适用的工作介质黏度为 $12\sim28mm^2/s$，一般弹性密封件的液压缸其介质过滤精度为 $20\sim25\mu m$，伺服液压缸的要小于 $10\mu m$，用活塞环的液压缸可达 $200\mu m$。当然对过滤精度的考虑不能局限于液压缸，要从液压系统整体综合考虑。

（3）要按设计规定和工作要求，合理调节液压缸的工作压力和工作速度。

（4）要定期维护。

① 定期检查。检查液压缸的各密封处及管接头处是否有泄漏；液压缸工作时是否正常平稳；防尘圈是否已不起防尘作用；液压缸紧固螺钉、压盖螺钉等受冲击较大的紧固件是否松动等等。

② 定期清洗。液压缸在使用过程中，由于零件之间互相摩擦产生的磨损物、密封件磨损物和碎片以及油液带来的污染物等会积聚其内，影响正常工作，因此要定期清洗。一般每年清洗一次。

③ 定期更换密封件。密封件的材料一般为耐油丁腈橡胶或聚氨酯橡胶，长期使用不仅会自然老化，而且长期在受压状态下工作会产生永久变形，丧失密封性，其使用寿命一般为一年半到两年，因此应定期更换。

二、液压缸常见故障及其排除方法

在诊断液压缸故障时，要认真观察故障症状，采用逻辑推理、逐项逼近的方法，由外到内仔细分析故障原因，从而确定排除方法，避免盲目地拆卸。液压缸常见故障及其排除方法如表 3-2 所示。

表 3-2　液压缸常见故障及其排除方法

故障现象		原因分析	消除方法
活塞杆不能动作	压力不足	(1)油液未进入液压缸 ①换向阀未换向 ②系统未供油 (2)虽有油,但没有压力 ①系统有故障,主要是泵或溢流阀有故障 ②内部泄漏严重,活塞与活塞杆松脱,密封件损坏严重 (3)压力达不到规划值 ①密封件老化,失效,密封圈唇口装反或有破损 ②活塞环损坏 ③系统调定压力过低 ④压力调节阀有故障 ⑤通过调整阀的流量过小,液压缸内泄漏量增大时,流量不足,造成压力不足	(1)①检查换向阀未换向的原因并排除 ②检查液压泵和主要液压阀的故障原因并排除 (2)①检查泵或溢流阀的故障原因并排除 ②紧固活塞与活塞杆并更换密封件 (3)①更换密封件,并正确安装 ②更换活塞杆 ③重新调整压力,直至到达要求值为止 ④检查原因并排除 ⑤调整阀的通过流量必须大于液压缸内泄漏量
	压力已达到要求但仍不动作	(1)液压缸结构上的问题 ①活塞端面与缸筒端面紧贴在一起,工作面积不足,故不能启动 ②具有缓冲装置的缸筒上单向阀回路被活塞堵住 (2)活塞杆移动不灵活 ①缸筒与活塞,导向套与活塞杆配合间隙过小 ②活塞杆与夹布胶木导向套之间的配合间隙过小 ③液压缸装配不良(如活塞杆、活塞和缸盖之间同轴度差,液压缸与工作台平行度差等) (3)液压回路引起的原因,主要是液压缸缸背压腔油液未与油箱相通,回路上的调速阀节流口调节过小或连通回油的换向阀未动作	(1)①端面上要加一条通油槽,使工作液体迅速流进活塞的工作端面 ②缸筒的进口油口位置应与活塞端面错开 (2)①检查配合间隙,并配研到规定值 ②检查配合间隙,修刮导向套孔,达到要求的配合间隙 ③重新装配和安装,不合格零件应更换 (3)检查并更换相关部件
速度达不到规定值	内泄漏严重	(1)密封件破损严重 (2)油的黏度太低 (3)油温过高	(1)更换密封件 (2)更换适宜黏度的液压油 (3)检查原因并排除
	外载荷过大	(1)设计错误,选用压力过低 (2)工艺和使用错误,造成外载荷比预定值大	(1)核算后更换元件,调大工作压力 (2)按设备规定值使用
	活塞移动时"别劲"	(1)加工精度差,缸筒孔锥度和圆度超差装配质量差 (2)活塞、活塞杆与缸盖之间同轴度差 (3)液压缸与工作台平行度差 (4)活塞杆与导向套配合间隙过小	(1)检查零件尺寸,更换无法修复的零件 (2)按要求重新装配 (3)按照要求重新装配 (4)检查配合间隙,修刮导向套孔,达到要求的配合间隙
	脏物进入滑动部位	(1)油液过脏 (2)防尘圈破损 (3)装配时未清洗干净或带入脏物	(1)过滤或更换油液 (2)更换防尘圈 (3)拆开清洗,装配时要注意清洁
	活塞在端部行程时速度急剧下降	(1)缓冲调节阀的节流口调节过小,在进入缓冲行程时,活塞可能停止或速度急剧下降 (2)固定式缓冲装置中节流孔直径过小 (3)缸盖上固定式缓冲节流环与缓冲杆塞之间间隙过小	(1)缓冲节流阀的开口度要调节适宜,并能起到缓冲作用 (2)适当加大节流孔直径 (3)适当加大间隙
	活塞移动到中途发现速度变慢或停止	(1)缸筒内径加工精度差,表面粗糙,使内泄量增大 (2)缸壁胀大,当活塞通过增大部位时,内泄量增大	(1)修复或更换缸筒 (2)更换缸筒

故障现象		原因分析	消除方法
液压缸产生"爬行"现象	缸内进入空气	(1)新液压缸,修理后的液压缸或设有停机时间过长的缸,缸内有气或液压缸管道中排气未排净 (2)缸内部形成负压,从外部吸入空气 (3)从缸到换向阀之间管道的容积比液压缸内容积大得多,液压缸工作时,这段管道上油液未排完,所以空气也很难排净 (4)泵吸入空气 (5)油液中混入空气	(1)空载大行程往复运动,直到把空气排完为止 (2)先用油脂封住结合面和接头处,若吸空情况有好转,则把紧固螺栓和接头拧紧 (3)可在靠近液压缸的管道中取高处加排气阀。拧开排气阀,活塞在全行程情况下运动多次,把气排完后再把排气阀关闭 (4)参见液压泵故障的排除方法 (5)参见液压泵故障的排除方法
缓冲装置故障	缓冲作用过度	(1)缓冲调节阀的节流口开口过小 (2)缓冲柱塞移动不灵活(如柱塞头与缓冲环间隙太小,活塞倾斜或偏心) (3)在柱塞头与缓冲环之间有脏物 (4)固定式缓冲装置柱塞头与衬套之间间隙太小	(1)将节流口调到合适位置并紧固 (2)拆洗清洗适当加大间隙,不合格的零件应更换 (3)修去毛刺和清洗干净 (4)适当加大间隙
	缓冲作用失灵	(1)缓冲调节阀处于全开状态 (2)惯性能量过大 (3)缓冲调节阀不能调节 (4)单向阀处于全开状态或单向阀座封闭不严 (5)活塞上密封件破损,当缓冲腔压力升高时,工作液体从此腔向工作压力一侧倒流,故活塞不减速 (6)柱塞头或衬套内表面上有伤痕 (7)镶在缸盖上的缓冲环脱落 (8)缓冲柱塞锥面长度和角度不适宜	(1)调节到合适位置并紧固 (2)应设计合适的缓冲机构 (3)修复或更换 (4)检查尺寸,更换锥阀芯或钢球,更换弹簧,并配研修复 (5)更换密封件 (6)修复或更换 (7)更换新缓冲环 (8)修正
	缓冲行程段出现"爬行"现象	(1)零件精度低,如缸盖、活塞端面的垂直度不符合要求,在全长上活塞与缸筒间隙不均匀,缸盖与缸筒不同心;缸筒内径与缸盖中心线偏差大,活塞与螺母端面垂直度不符合要求造成活塞杆挠曲等 (2)装配不良,如缓冲柱塞与缓冲环相配合的孔有偏心或倾斜等	(1)对每个零件均仔细检查,不合格的零件不准使用 (2)重新装配,确保质量
有外泄漏	装配不良	(1)液压缸装配时端盖装偏,活塞杆与缸筒不同心,使活塞杆伸出困难,加速密封件磨损 (2)液压缸与工作台导轨面平行度差,使活塞伸出困难,加速密封件磨损 (3)密封件安装差错,如密封件划伤、切断,密封唇装反,唇口破损或轴倒角尺寸不对,密封件装错或漏装等 (4)密封压盖未装好 ①压盖安装有偏差 ②紧固螺栓受力不均匀 ③紧固螺栓过长,使压盖不能压紧	(1)拆开检查,重新装配 (2)拆开检查,重新安装,并更换密封件 (3)更换并重新安装密封件 (4)检查密封压盖 ①重新安装 ②重新安装,拧紧螺栓,使其受力均匀 ③按螺孔深度合理选配螺栓长度
	密封件质量问题	(1)保管期太长,密封件自然老化失败 (2)保管不良,变形或损坏 (3)胶料性能差,不耐油或胶料与油液相容性差 (4)制品质量差,尺寸不对,公差不符合要求	(1)更换 (2)更换 (3)更换 (4)更换

故障现象		原因分析	消除方法
有外泄漏	活塞杆和沟槽加工质量差	(1)活塞杆表面粗糙,活塞杆头部倒角不符合要求或未倒角 (2)设计图样有错误 (3)沟槽尺寸加工不符合标准 (4)沟槽精度差,毛刺多	(1)表面粗糙度 Ra 应为 0.2nm,并按要求倒角 (2)按有关标准设计沟槽 (3)检查尺寸,并修正到要求尺寸 (4)修正并去毛刺
	油的黏度过低	(1)用错了油液 (2)油液中渗有其他牌号的油液	(1)更换适宜的油液 (2)更换适宜的油液
	油温过高	(1)液压缸进油口阻力太大 (2)周围环境温度太高 (3)泵或冷却器等有故障	(1)检查进油口是否畅通 (2)采取隔热措施 (3)检查原因并排除
	高频振动	(1)紧固螺栓松动 (2)管接头松动 (3)安装位置产生移动	(1)应定期紧固螺栓 (2)应定期紧固接头 (3)应定期紧固安装螺栓
	活塞杆拉伤	(1)防尘圈老化,失效,或侵入砂粒切屑等脏物 (2)导向套与活塞杆之间的配合太紧,使活动表面产生过热,造成活塞杆表面烙层脱落而拉伤	(1)更换或清洗防尘圈,修复活塞杆表面拉伤处 (2)检查清洗,用刮刀修刮导向套内径,达到配合间隙

三、液压马达

液压马达是将系统的压力能转换成机械能的装置,它使系统输出转速和转矩,驱动工作部件运动。它属于液压系统的执行元件。从工作原理上讲,液压系统中的液压泵和液压马达都是靠工作腔密封容积的变化而工作的,因而液压泵和液压马达在原理上是可逆的,但它们在结构上是有差别的,并不能通用。

(一)液压马达的分类

液压马达按照工作特性可分为两大类:额定转速在 500r/min 以上为高速液压马达;额定转速在 500r/min 以下为低速液压马达。高速液压马达有齿轮液压马达、叶片液压马达、轴向柱塞液压马达等。低速液压马达有单作用连杆型径向柱塞液压马达和多作用内曲线径向柱塞液压马达等。

(二)液压马达的特性参数

1.工作压力和额定压力

液压马达的工作压力就是它输入油液的实际压力,其大小取决于液压马达的负载。液压马达进口压力与出口压力的差值,称为液压马达的压差。液压马达的额定压力是指按实验标准规定,能使液压马达连续正常运转的最高压力。亦即液压马达在使用中允许达到的最大工作压力。超过此值就是过载。

2.排量、流量和转速

液压马达的排量是指在没有泄漏的情况下,液压马达轴转一周时所需输入的油液体积,用 V 表示。排量不可变的液压马达称为定量液压马达;排量可变的称为变量液压马达。液压马达的排量取决于其密封工作腔的几何尺寸,与转速无关。

液压马达的流量是指液压马达达到要求转速时,单位时间内输入的油液体积。由于有泄漏存在,故又有理论流量和实际流量之分。

理论流量是指液压马达在没有泄漏的情况下，达到要求转速时，单位时间内需输入的油液体积，用 q_t 表示。

实际流量是指液压马达达到要求转速时，其入口处的流量，用 q 表示。由于液压马达存在间隙，产生泄漏 Δq，故实际流量 q 与理论流量 q_t 之间存在如下关系：

$$\Delta q = q - q_t \tag{3-15}$$

液压马达的转速 n 与流量、排量有如下关系：

$$q_t = Vn \tag{3-16}$$

3. 功率和效率

液压马达输入量是液体的压力和流量，输出量是转矩和转速（角速度）。因此液压马达的输入功率和输出功率分别为

$$P_i = pq \tag{3-17}$$
$$P_o = 2\pi nT \tag{3-18}$$

式中　P_i——液压马达输入功率；

　　　P_o——液压马达输出功率；

　　　T——液压马达实际输出转矩。

由于液压马达在进行能量转换时，总是有能量损耗，因此其输出功率总小于其输入功率。输出功率和输入功率之比值，称为液压马达的效率 η。

$$\eta = \frac{P_o}{P_i} = \frac{2\pi nT}{pq} = \eta_m \eta_v \tag{3-19}$$

液压马达的能量损耗可分为两部分：一部分是由于泄漏等原因引起的流量损耗；另一部分是由于流动液体的黏性摩擦和机械相对运动表面之间机械摩擦而引起的转矩损耗。由于液压马达有泄漏量 Δq 的存在，其实际输入流量 q 总大于其理论流量 q_t。液压马达的理论流量与实际流量之比称为液压马达的容积效率，用 η_v 表示

$$\eta_v = \frac{q_t}{q} = \frac{q - \Delta q}{q} = 1 - \frac{\Delta q}{q} \tag{3-20}$$

泄漏量与压力有关，它随压力的增高而增大。因此液压马达的容积效率随工作压力升高而降低。

由于液压马达有转矩损耗 ΔT，故其实际输出转矩 T 比理论输出转矩 T_t 要小，即

$$T = T_t - \Delta T \tag{3-21}$$

液压马达的实际转矩与理论转矩之比称为液压马达的机械效率，用 η_m 表示，即

$$\eta_m = \frac{T}{T_t} = \frac{T_t - \Delta T}{T_t} = 1 - \frac{\Delta T}{T_t} \tag{3-22}$$

由黏性摩擦和机械摩擦而产生的转矩损失，其大小与油液的黏性、工作压力以及液压马达的转速有关。当油液黏度愈大、转速愈高、工作压力愈高时，转矩损失就愈大，机械效率就愈低。由式（3-23）可知，液压马达的总效率等于其容积效率和机械效率的积。

$$\eta = \frac{P_o}{P_i} = \frac{2\pi nT}{pq} = \eta_m \eta_v \tag{3-23}$$

（三）液压马达的图形符号

液压马达的图形符号如图 3-12 所示。

(a)单向定量液压马达　　(b) 单向变量液压马达　　(c) 双向定量液压马达　　(d) 双向变量液压马达

图 3-12　液压马达的图形符号

(四) 液压马达的使用与维护

液压马达的可靠性和寿命很大程度上取决于正确地使用和维护，为此使用时要注意以下几点。

(1) 液压马达通常允许在短时间内以超过额定压力 20%～50% 的压力下工作，但瞬时最高压力不能和最高转速同时出现。对液压马达的回油路背压有一定限制，且在背压较大时，必须设置泄漏油管。

(2) 一般情况下，不应使液压马达的最大转矩和最高转速同时出现。实际转速不应低于液压马达的最低转速，否则将出现爬行现象。当系统要求的转速较低，而低速液压马达在转速、转矩等性能参数不易满足工作要求时，可采用高速液压马达并增设减速机构。

(3) 安装液压马达的底座、支架必须具有足够的刚性。安装时要注意检查液压马达输出轴与工作机构传动轴的同轴度，否则将加剧液压马达的磨损，增加泄漏，降低容积效率，并严重影响使用寿命。对于不能承受额外的轴向力和径向力的液压马达，以及液压马达虽然可以承受额外的轴向力和径向力，但负载的实际轴向力或径向力大于液压马达允许的轴向力或径向力时，应考虑采用弹性联轴器连接液压马达轴和工作机构。

(4) 液压马达在使用中应注意油液的种类和黏度，油液使用中的温度系统、滤油精度等均应符合产品样本的规定。

(5) 液压马达使用前运转前需注意以下事项：

① 必须在壳体内灌满清洁液压油，使各运动副表面得到润滑，以防咬死或烧伤。

② 检查系统中是否有卸荷回路和溢流阀的调整压力。

③ 在无负载状态下以不同的转速运转一段时间 (10～20min)，进行排气。油箱中有泡沫，系统中有噪声，以及液压马达或液压缸有滞进 (颤动) 等现象都证明系统中有空气。

④ 建议在系统中临时接入一个过滤精度较高的过滤器，在无负载状态下运行 30min，以便清除系统中的脏物。

⑤ 只有当系统充分洗净和排气，才能给液压马达逐渐增加负载。

为了提高液压马达的寿命，通常在低负载下运转一段时间 (如 1h)，同时检查系统的动作、外泄、噪声等，如果一切正常，就可正常工作。

(6) 通常第一次加的油液，应在运转较短的时间 (如 2～3 月或更短) 内进行更换。以后定期检查油液污染程度，每 1～2 年换一次油。定期检查和清洗过滤器，定期检查油箱油面高度。这些措施都能有效地提高液压马达的寿命。另外，液压马达在使用中若发现其入口处有压力不正常的颤动、冲击声或外泄严重以及系统压力突然升高，应停车及时检查，以防液压马达损坏。

　　为实现本项目的项目目标，请教师按照学习性工作任务单要求，依据任务实施过程分组组织任务实施，完成工作任务内容，并组织学生按要求完成任务实施记录。学习性工作任务单见表 3-3。

表 3-3　学习性工作任务单

任务名称　液压缸的识别与拆装	地点：实训室
专业班级：	学时：2
第＿＿＿组，组长： 成员：	

一、工作任务内容

1. 拆装单杆（或双杆）活塞双作用液压缸，了解液压缸的常用类型、结构特点和具体应用；掌握液压缸各个部件的结构和功能，掌握液压缸拆卸与安装的方法、密封方法、调试和试验方法。

2. 分析活塞式液压缸推力速度关系，掌握差动连接液压缸特点和应用。

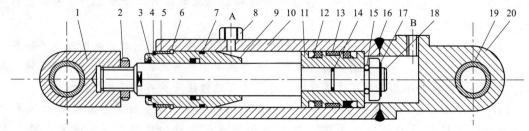

1—耳环；2—螺母；3—防尘圈；4,17—弹簧挡圈；5—套；6,15—卡键；
7,14—O 形密封圈；8,12—Y 形密封圈；9—缸盖兼导向套；10—缸筒；
11—活塞；13—耐磨环；16—卡键帽；18—活塞杆；19—衬套；20—缸底

二、课前预习准备

参考教材《液压与气压控制（项目化教程）》和活页资料中的相关内容。

三、有关通知事宜

1. 提前 10 分钟到达学习地点，熟悉环境，不得无故迟到和缺勤；

2. 带好参考书、讲义和笔记本等；

3. 班组长协助教师承担本班组的安全责任。

四、任务实施记录

1. 将液压缸拆卸后的图片粘贴在此处，按照拆卸顺序标出序号并写出零件名称。

2. 回答问题。

(1)说出所拆装液压缸的类型。

(2)缸体与缸盖之间采用什么连接方式？

(3)活塞与活塞杆之间采用什么连接方式？

(4)所拆液压缸采用了哪些密封方式？

(5)所拆液压缸有无缓冲装置，如果有，是如何实现缓冲的？

(6)所拆液压缸有无排气装置？

3. 画图并写出差动液压缸的特点和推力速度关系。

小组得分：	指导教师签字：

一、填空题

　　1. 单杆液压缸可采用_____连接，使其活塞缸伸出速度提高。

2. 液压缸运动速度的大小取决于_____。

3. 差动液压缸，若使其往返速度相等，则活塞面积应为活塞杆面积的_____倍。

二、选择题

1. 当工作行程较长时，采用（　　）缸较合适。

A. 单活塞杆　　　　B. 双活塞杆　　　　C. 柱塞

2. 单杆活塞缸的活塞杆在收回时（　　）。

A. 受压力　　　　B. 受拉力　　　　C. 不受力

3. 能形成差动连接的液压缸是（　　）。

A. 单杆液压缸　　　B. 双杆液压缸　　　C. 柱塞式液压缸

4. 液压马达是将（　　）的液压元件。

A. 液压能转换为机械能　　B. 电能转换为液压能　　C. 机械能转换为液压能

5. 双伸出杠液压缸，采用活塞杠固定安装，工作台的移动范围为缸筒有效行程的（　　）；采用缸筒固定安置，工作台的移动范围为活塞有效行程的（　　）。

A. 1 倍　　　　B. 2 倍　　　　C. 3 倍　　　　D. 4 倍

6. 液压缸的种类繁多，（　　）可作双作用液压缸，而（　　）只能作单作用液压缸。

A. 柱塞缸　　　　B. 活塞缸　　　　C. 摆动缸

7. 下列液压马达中，（　　）为高速马达，（　　）为低速马达。

A. 齿轮马达　　　B. 叶片马达　　　C. 轴向柱塞马达　　　D. 径向柱塞马达

三、判断题

1. 活塞缸可实现执行元件的直线运动。（　　）

2. 液压缸的差动连接可提高执行元件的运动速度。（　　）

3. 液压缸差动连接时，能比其他连接方式产生更大的推力。（　　）

4. 作用于活塞上的推力越大，活塞运动速度越快。（　　）

5. 液压缸差动连接时，液压缸产生的作用力比非差动连接时的作用力大。（　　）

6. 活塞缸可输出扭矩和角速度。（　　）

四、简答题

1. 叙述齿轮液压马达的工作原理。与齿轮泵相比，齿轮液压马达有哪些特点？

2. 什么叫做差动液压缸？差动液压缸在实际应用中有什么优点？

3. 液压缸为什么要设置缓冲装置？试说明缓冲装置的工作原理。

4. 低速液压马达有哪些特点？适用于什么场合？

5. 使用液压马达时要注意哪些事项？如何进行维护？

6. 活塞式、柱塞式、摆动式液压缸各有什么特点？适用于什么场合？

7. 液压缸有哪些安装形式？在安装时要注意哪些事项？

8. 气动马达和它起同样作用的电动机相比有哪些特点？与液压马达相比有哪些异同点？

9. 气缸有哪些类型？与液压缸相比，气缸有哪些特点？

10. 冲击气缸的工作原理是什么？举例说明冲击气缸的用途。

11. 使用气动马达和气缸时各应注意哪些事项？

五、计算题

1. 已知某液压马达的排量 $V = 250 \text{mL/r}$，马达入口压力 $p_1 = 10.5 \text{MPa}$，出口压力 $p_2 = 1.00 \text{MPa}$，其总效率 $\eta = 0.9$，容积效率 $\eta_v = 0.92$。当输入流量 $q = 22 \text{L/min}$ 时，试求：液压马达的实际转速 n 和输出转矩 T。

2. 某一差动液压缸，要求：（1）$v_{快进}=v_{快退}$；（2）$v_{快进}=2v_{快退}$。求活塞面积 A_1 和活塞杆面积 A_2 之比应为多少？

3. 如题图 3-1 所示两个结构相同相互串联的液压缸，无杆腔的面积 $A_1=100\times10^{-4}\,\text{m}^2$，有杆腔的面积 $A_2=80\times10^{-4}\,\text{m}^2$，缸 1 输入压力 $p_1=0.9\text{MPa}$，输入流量 $q_1=12\text{L/min}$。不计损失和泄漏，求：

（1）两缸承受相同负载（$F_1=F_2$）时，该负载的数值及两缸的运动速度。

（2）缸 2 的输入压力是缸 1 的 2 倍（$p_2=2p_1$）时，两缸各能承受多少负载？

（3）缸 1 不承受负载（$F_1=0$）时，缸 2 能承受多少负载？

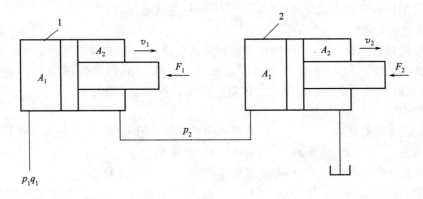

题图 3-1

项目四　液压辅助元件的识别与应用

【项目描述】

液压系统中常用的辅助液压元件有蓄能器、滤油器、油箱、热交换器、压力表及开关、管件等。从液压系统的工作过程来看，它们对系统的动态性能、工作稳定性、工作寿命、噪声和温升等都有直接影响，必须予以重视。所以本项目就液压系统常用辅助装置的类型、特点及安装使用等知识展开介绍。

【项目目标】

知识目标：

① 了解油管、管接头的分类及特点；
② 了解滤油器、油箱和蓄能器的类型、特点和功用；
③ 了解流量计、压力表的结构和功用。

能力目标：

① 能正确选择、使用和更换液压辅助元件；
② 能说出蓄能器的主要类型、特点和安装使用注意事项；
③ 能说出常用的密封方法及密封圈安装注意事项。

【相关知识】

一、蓄能器

（一）蓄能器的功用

在液压系统中，蓄能器主要用来存储油液的压力能，其具体功用有：

（1）补充系统泄漏，维持系统压力，这时起保压作用。如图 4-1 所示。

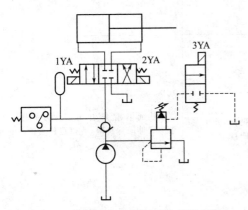
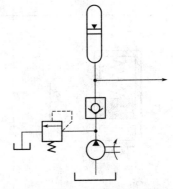

图 4-1　蓄能器使系统保压和补偿泄漏　　　图 4-2　蓄能器吸收系统压力脉动

（2）吸收冲击压力和脉冲压力，这时起缓冲和吸震作用。如图 4-2 所示。

（3）作为工作负载的辅助液压源，或作为系统的应急液压源，短期向系统供液。系统短期需要大流量时，蓄能器和液压泵同时供油，所需流量较小时，液压泵多余的油液充入蓄能器；如遇停电或者电机出现故障时，蓄能器可作为应急液压源使用。如图 4-3、图 4-4 所示。

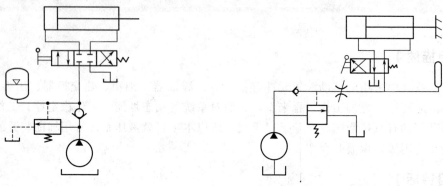

图 4-3　蓄能器作辅助动力源　　　　　　图 4-4　蓄能器作应急液压源

（二）蓄能器的类型和结构

蓄能器主要有重锤式、充气式和弹簧式三种类型，常用的是充气式蓄能器，它是利用气体的压缩和膨胀来储存和释放能量的。充气式蓄能器又可分为气囊式、活塞式、气瓶式三种。蓄能器的类型和结构特点见表 4-1。

表 4-1　蓄能器的类型和结构特点

名称	结构简图	工作原理	结构特点
重锤式	1—重锤；2—活塞；3—液压油	输出的压力由重物的重量和柱塞面积之比决定，所以是常数，与储存和输出的液体无关	蓄能器在全行程中保持压力不变，尺寸大，容量小、有摩擦损失。用于低压或低频液压系统
弹簧式	1—弹簧；2—活塞；3—液压油	利用弹簧的伸张和压缩的变化来储存和释放能量	结构简单，能量小，输出压力不稳定，由于弹簧伸缩量有限，所以这种蓄能器仅用于低压系统

名称		结构简图	工作原理	结构特点
充气式	活塞式	1—气体；2—活塞；3—液压油	利用密封气体的膨胀和压缩来进行工作	结构简单，工作平稳可靠，由于活塞惯性和摩擦阻力的影响，反应不够灵敏，缸筒与活塞之间有密封性能的要求，一般用于蓄能或供中、高压系统吸收压力脉动
	气囊式	1—充气阀；2—壳体；3—气囊；4—提升阀		气囊是用耐油橡胶制成的。重量轻，惯性小、反应快、附属设备少，容积效率高；气囊和壳体制造要求高，且容量小；气囊里面充的是氮气，壳体下端装有一个弹簧加压的菌形阀，它能保证油液进出蓄能器时皮囊不会被挤出油口。常用于吸收液压冲击和脉动及消除噪声
	气瓶式	1—气体；2—液压油		气体和油液在蓄能器中直接接触，容量大，反应灵敏，由于气体混入油液中，增大了油液可压缩性，影响工作平稳性；其耗气量大，需要经常检查进行充气和补气，用于中、低压大流量液压系统

（三）蓄能器的使用与安装

蓄能器在液压系统中安装的位置由蓄能器的功能来确定。使用和安装时需要注意以下问题：

（1）囊式蓄能器应当垂直安装。倾斜或水平安装会使蓄能器的气囊与壳体磨损，影响使用寿命。搬运和拆装时应先排出充入的气体，以免发生意外事故。装在管路上的蓄能器要有牢固的支架，以承受蓄能器蓄能或释放能量时所产生的反作用力。

（2）起吸收压力脉动和冲击的蓄能器应该安装在冲击源附近。

（3）液压泵与蓄能器之间应该设置单向阀防止停泵时蓄能器的压力油倒流；为便于调整、充气和维修，系统与蓄能器间应设置截止阀。

二、滤油器

（一）滤油器的功用

滤油器又称为过滤器，其作用是过滤混在液压油液中的杂质，降低进入系统中油液的污染度，从而提高液压元件的寿命，保证系统正常地工作。

（二）滤油器的类型

1. 按照滤芯材料的过滤机制分类

（1）表面型滤油器　这类过滤器的过滤作用是由一个几何面来实现的。滤芯材料具有均匀的标定小孔，可以滤除比小孔尺寸大的杂质。滤下的污染杂质被截留在滤芯元件靠油液上游的一侧。由于污染杂质积聚在滤芯表面上，因此它很容易被阻塞住。网式滤芯、线隙式滤芯属于这种类型。

（2）深度型滤油器　这种滤芯材料为多孔可透性材料，内部具有曲折迂回的通道。比表面孔径大的杂质直接被截留在外表面，较小的污染杂质进入滤材内部，通过吸附和撞击通道壁而得到滤除。滤材内部曲折的通道也有利于污染杂质的沉积。纸芯、毛毡、烧结金属、陶瓷和各种纤维制品等都属于这种类型。

（3）吸附型滤油器　这种滤芯材料把油液中的有关杂质吸附在其表面上。磁性滤油器即属于此类。

2. 按照滤芯形式不同分类

（1）网式过滤器　如图4-5所示，滤芯以铜网为过滤材料，在周围开有很多孔的塑料或金属筒形骨架上，包着一层或两层铜丝网，油液通过滤网进入过滤器内，再从上盖管口处进入系统。其过滤精度取决于铜网层数和网孔的大小。其特点是结构简单、通流能力大、清洗方便、过滤精度低。这种滤油器一般用于液压泵的吸油口。

（2）线隙式过滤器　如图4-6所示，用铜线或铝线密绕在筒形骨架的外部来组成滤芯，依靠铜丝间的微小间隙滤除混入液体中的杂质。油液从进口流入过滤器，经绕线间的间隙、骨架上的孔眼进入滤芯中，再由出口进入系统。其结构简单、通流能力大、过滤精度比网式滤油器高，但不易清洗。多作为回油过滤器使用。

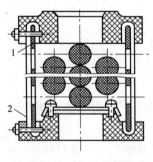

图4-5　网式过滤器
1—骨架；2—铜丝网

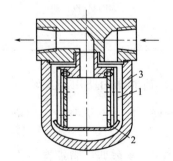

图4-6　线隙式过滤器
1—滤芯；2—芯架；3—壳体

（3）纸芯式过滤器　如图4-7所示，滤芯为微孔滤纸制成的纸芯，将纸芯围绕在带孔的镀锡铁做成的骨架上，以增大强度。为增加过滤面积，纸芯一般做成折叠形。其特点是重量轻、成本低、压力损失小、过滤精度较高，但堵塞后无法清洗，需定期更换滤芯，一般用于低压、小流量油液的精过滤。

（4）烧结式过滤器　如图4-8所示，滤芯由金属粉末烧结而成，利用金属颗粒间的微孔来挡住油中杂质通过。改变金属粉末的颗粒大小，就可以制出不同过滤精度的滤芯。

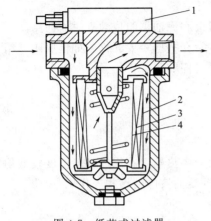

图4-7　纸芯式过滤器

1—堵塞发生器；2—滤芯外层；

3—滤芯中层；4—滤芯里层

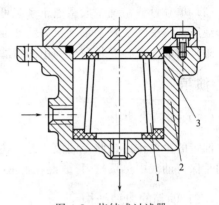

图4-8　烧结式过滤器

1—滤芯；2—壳体；3—上盖

（5）磁性过滤器　滤芯由永久磁铁制成，能吸住油液中的铁屑、铁粉和带磁性的磨料，常与其他形式滤芯合起来制成复合式滤油器，对加工钢铁件的机床液压系统特别适用。

（三）滤油器的选用和安装

1. 滤油器的选用

滤油器按其过滤精度（滤去杂质的颗粒大小）的不同，有粗过滤器、普通过滤器、精密过滤器和特精过滤器四种，它们分别能滤去大于 $100\mu m$、$10\sim100\mu m$、$5\sim10\mu m$ 和 $1\sim5\mu m$ 大小的杂质。滤油器一般应根据液压系统的技术要求，按过滤精度、通流能力、工作压力、工作温度、油液黏度等条件选定其型号。

选用滤油器时，主要考虑以下几点。

（1）过滤精度应满足预定要求。

（2）滤芯清洗或更换简便。

（3）能在较长时间内保持足够的通流能力。

（4）滤芯要有足够的强度，不因液压力的作用而损坏。

（5）滤芯抗腐蚀性能好，能在规定的温度下长久地工作。

2. 滤油器的安装

滤油器一般安装在液压泵的吸油口、压油口及重要元件的前面，通常液压泵吸油口安装粗过滤器，压油口与重要元件前安装精过滤器。具体的安装位置通常有以下几种。

（1）泵的吸油口处　泵的吸油路上一般都安装有表面型滤油器，目的是滤去较大的杂质微粒以保护液压泵，此外滤油器的过滤能力应为泵流量的两倍以上，压力损失小于0.02MPa。

（2）泵的出口油路上　此处安装滤油器的目的是用来滤除可能侵入阀类等元件的污染物。其过滤精度应为 $10\sim15\mu m$，且能承受油路上的工作压力和冲击压力，压力降应小于0.35MPa。同时应安装安全阀以防滤油器堵塞。

（3）系统的回油路上　这种安装起间接过滤作用。一般与过滤器并连安装一背压阀，当过滤器堵塞达到一定压力值时，背压阀打开。

（4）系统分支油路上　一般安装在溢流阀的回油路上，这时不会增加主油路的压力损失，但不能过滤全部油液，也不能保证杂质不进入液压系统。

（5）单独过滤系统　大型液压系统可专设一液压泵和滤油器组成独立过滤回路。

液压系统中除了整个系统所需的滤油器外，还常常在一些重要元件（如伺服阀、精密节流阀等）的前面单独安装一个专用的精滤油器来确保它们的正常工作。

三、油箱

（一）油箱的功用

油箱的主要作用是储存油液，此外还起着散发油液中热量（在周围环境温度较低的情况下则是保持油液中热量）、释放混在油液中的气体、沉淀油液中的污物等作用。

（二）油箱的典型结构

液压系统中的油箱有整体式和分离式两种。整体式油箱利用主机的内腔作为油箱，这种油箱结构紧凑，各处漏油易于回收，但增加了设计和制造的复杂性，维修不便，散热条件不好，且会使主机产生热变形。分离式油箱单独设置，与主机分开，减少了油箱发热和液压源振动对主机工作精度的影响，因此得到了普遍的采用，特别在精密机械上应用广泛。

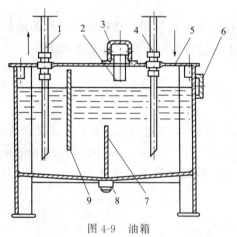

图 4-9　油箱

1—吸油管；2—滤油网；3—盖；4—回油管；
5—安装板；6—油位计；7,9—隔板；8—放油阀

油箱的典型结构如图 4-9 所示。由图可见，油箱内部用隔板 7、9 将吸油管 1 与回油管 4 隔开。顶部、侧部和底部分别装有滤油网 2、液位计 6 和排放污油的放油阀 8。安装液压泵及其驱动电机的安装板 5 则固定在油箱顶面上。

（三）油箱的结构设计

（1）液压系统工作，为防止吸油管吸入空气，液面不能太低；反之停止工作时，系统中的油液能全部返回油箱而不会溢出，通常油箱液面不得超过油箱高度的 80%。

（2）吸油管和回油管应尽量相距远些，两管之间要用隔板隔开，以增加油液循环距离，使油液有足够的时间分离气泡，沉淀杂质，散发热量。吸油管入口处要装粗滤油器，回油管管端应切成斜口，且插入油液中，以增大出油口截面积，减慢出口处油流速度，此外，应使回油管斜切口面对箱壁，以利于油液散热。泄油管管端亦可斜切并面壁，但不可没入油中。

（3）油箱的有效容积（油面高度为油箱高度 80% 时的容积）一般按液压泵的额定流量 q_n（L/min）估算。低压系统中，油箱容量为液压泵额定流量的 2～4 倍；中压系统中，油箱容量为液压泵额定流量的 5～7 倍；高压系统中，油箱容量为液压泵额定流量的 10～12 倍；在行走机械中，油箱容量为液压泵额定流量的 1.5～2 倍；对工作负载较大、长期连续工作的液压系统，油箱容量需按系统发热、散热平衡的原则来计算。

（4）油箱中如需安装热交换器，必须考虑好它的安装位置，以及测温、控制等措施。

（5）为了易于散热和便于对油箱进行搬移及维护保养，箱底离地至少应在150mm以上。箱底应适当倾斜，在最低部位处设置堵塞或放油阀，以便排放污油；箱体上注油口的近旁必须设置液位计；滤油器的安装位置应便于装拆。

四、油管与管接头

（一）油管

油管用于液压系统中输送油液，液压系统中常用的油管有钢管、铜管、尼龙管、橡胶软管、塑料管等多种类型。一般情况下，油管类型需根据安装位置和工作压力来选用。高压系统中常用无缝钢管，钢管安装时不易弯曲，一般安装在方便拆卸的位置。中低压系统中选用纯铜管，安装时可以根据需要弯曲成任意形状，适用于小型设备及内部安装不方便处。两个相对运动件之间选用橡胶软管、尼龙管、塑料管等价格便宜的油管，但此类油管承压能力差，可用在回油路、泄油路等处。

（二）管接头

管接头是油管与油管、油管与液压元件之间可拆卸的连接件。管接头种类很多，按接头的通路数量和流向可分为直通、弯头、三通、四通等。按管接头和油管的连接方式分为扩口式、焊接式、卡套式、扣压式等。常用管接头的类型和特点见表4-2。

表 4-2　几种管接头的类型和特点

类型	结构简图	特点和说明
焊接式管接头	焊接式管接头 1—接管；2—螺母；3—O形密封圈； 4—接头体；5—组合垫圈	利用接管与管子焊接。接头体和接管之间用O形密封圈端面密封。结构简单，易制造，密封性好，对管子尺寸精度要求不高，但要求焊接质量高，装拆不便。工作压力可达31.5MPa，工作温度−25～80℃，适用于以油为介质的管路系统
卡套式管接头	卡套式管接头 1—油管；2—卡套；3—螺母；4—接头体；5—组合垫圈	利用卡套变形卡住管子并进行密封，结构先进，性能良好，重量轻，体积小，使用方便，广泛应用于液压系统中。工作压力可达31.5MPa，要求管子及卡套尺寸精度高，管子需用冷拔钢管。适用于以油、气及一般腐蚀性介质的管路系统
扩口式管接头	A型　　B型 扩口式管接头 1—接头体；2—螺母；3—管套；4—油管	利用管子端部扩口进行密封，不需其他密封件。结构简单，适用于薄壁管件和压力较低的场合

类型	结构简图	特点和说明
扣压式管接头		安装方便,但增加了一道收紧工序。胶管损坏后,接头外套不能重复使用,与钢丝编织胶管配套组成总成。可与带O形圈密封的焊接管接头连接使用。适用于以油、水、气为介质的管路系统
快速管管接头	5 6 7 8 9 10 1 2 3 4 两端开闭式快速接头结构 1—挡圈;2,10—接头体;3—弹簧;4—单向阀阀芯; 5—O形圈;6—外套;7—弹簧;8—钢球;9—弹簧圈	管子拆开后,可自行密封,管道内液体不会流失,因此适用于经常拆卸场合。结构比较复杂,局部阻力损失较大。适用于以油、气为介质的管路系统,工作压力低于31.5MPa

液压系统中的泄漏问题几乎都出现在管系中的接头上,为此对管材的选用、接头形式的确定(包括接头设计、垫圈、密封、箍套、防漏涂料的选用等)、管系的设计(包括弯管设计、管道支承点和支承形式的选取等)以及管道的安装(包括正确的运输、储存、清洗、组装等)都要慎审从事,以免影响整个液压系统的使用质量。

五、其他辅助元件

(一) 压力表

压力表用在测试液压泵出口以外需要测试相对压力的地方,最常用的是弹簧式压力表,其结构如图 4-10 所示,其工作原理是当压力油进入弹簧弯管时管端产生变形,从而推动杠杆使扇形齿轮与小齿轮啮合,小齿轮又带动指针旋转,即可在刻度盘上读出压力值。

用压力表测量压力时,被测压力不应超过压力表量程的 3/4,压力表必须直立安装。

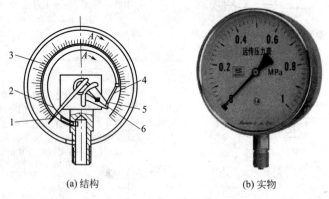

(a) 结构   (b) 实物

图 4-10　压力表

1—金属弯管;2—指针;3—刻度盘;4—杠杆;5—齿扇;6—小齿轮

压力表开关主要用于被测油路与压力表之间的接通与断开,实际上它就是一个小型的截止阀。压力表开关有一点、三点、六点等形式,多点压力表开关可使压力表油路分别与几个被测油路相连通,因而用一个压力表可检查多点处的压力。如图 4-11 所示为一个六点压力表开关。图示位置为非测量位置,此时压力表油路经小孔 a、沟槽 b 与油箱连通,压力为零。当手柄推向右侧时，沟槽 b 把压力表油路与测量点处油路连通，同时阻断油箱和压力表回路，此时就测出该测量点的压力了。如将手柄转到另一个测量点处，则可测出其相应压力。压力表中的过油通道很小，可防止表针剧烈摆动。

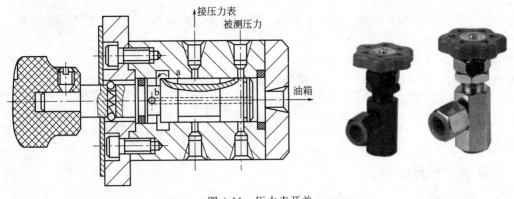

图 4-11　压力表开关

（二）流量计

流量计主要用于观测液压系统的流量。常用的流量计有涡轮式和椭圆式两种。图 4-12 为涡轮式流量计结构。其工作原理是在流体作用下，涡轮受力旋转，其转速与管道平均流速成正比，利用涡轮的转动，周期地改变磁电转换器的磁阻值。检测线圈中磁通随之发生周期性变化，产生周期性的感应电势，即电脉冲信号，经放大器放大后，送至显示仪表显示。

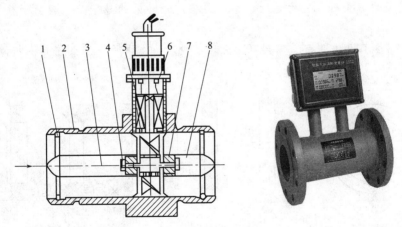

图 4-12　涡轮式流量计

1—紧固件；2—壳体；3—前导向件；4—止推片；5—涡轮；6—磁电式传感器；
7—轴承；8—后导向件

一、密封装置的作用

密封装置的功用是防止液压元件和液压系统中的液压油泄漏，或灰尘等杂质从外部侵入液压系统。保证建立起必要的工作压力。常用的密封方法有间隙密封和橡胶密封圈密封。

二、密封装置的类型和特点

（一）间隙密封

间隙密封是靠相对运动配合面之间的微小间隙来进行密封的。间隙密封常用于柱塞、活塞或阀的圆柱配合副中。在圆柱形表面的间隙密封中，常在圆柱表面上开几条环形小槽，一方面环形槽内的均匀液压力使得阀芯对中性好，减少泄漏；另一方面，使得流过沟槽的压力油产生涡流，损失能量，达到减小泄漏的目的。间隙密封见图 4-13。

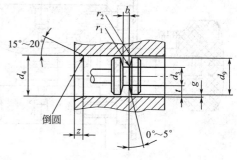

图 4-13　间隙密封

（二）密封圈密封

密封圈密封在液压系统中应用最广泛。密封圈常用耐油橡胶压制而成，常用的有 O 形、Y 形、V 形密封圈。常用密封圈见图 4-14。

（1）O 形密封圈为断面呈圆形的耐油橡胶环。装在槽内的 O 形密封圈是靠橡胶的初始变形及油液压力引起的变形来消除间隙而实现密封的。所以，O 形密封圈随着压力增大，其工作面与密封表面的接触压力也自动增大，从而提高密封能力。此类密封圈特点是价格便宜，寿命短，结构简单紧凑。

（2）Y 形密封圈是靠液压使唇边紧贴密封表面实现密封的，安装时，唇口对着压力高的一边，以便唇口好张开。压力越大，唇边与密封表面贴的越紧。一般用于往复运动的密封处。

（3）V 形密封圈由支撑环、密封环、压环组成，工作原理与 Y 形密封圈相似。

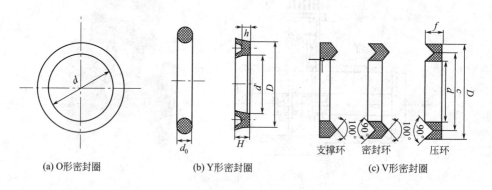

(a) O形密封圈　　　　(b) Y形密封圈　　　　(c) V形密封圈

图 4-14　常用密封圈

━━━┃ **任务实施** ┃━━━

为实现本项目的项目目标，请教师按照学习性工作任务单要求，依据任务实施过程分组组织任务实施，完成工作任务内容，并组织学生按要求完成任务实施记录。学习性工作任务单见表 4-3。

表 4-3 学习性工作任务单

任务名称:液压辅助元件的识别与选用	地点:实训室
专业班级:	学时:2 学时

第___组,组长:
成员:

一、工作任务内容
1. 观察液压辅助元件在基本控制回路中的应用。
2. 了解液压辅助元件的结构、原理和功用。
3. 能正确选择和使用液压辅助元件。
二、教学资源
学习工作任务单、液压辅助装置实物、实验台、视频文件及多媒体设备。
三、有关通知事宜
1. 提前 10 分钟到达学习地点,熟悉环境,不得无故迟到和缺勤;
2. 带好参考书、讲义和笔记本等;
3. 班组长协助教师承担本班组的安全责任。
四、任务实施过程
1. 下达学习工作任务单。
2. 组织任务实施。
对照试台识别液压辅助元件,记录辅助元件名称,分析辅助元件用途,并画出图形符号。
设计一个基本控制回路,要求回路中用到压力表、泵、油箱、油管等辅助件,通过查阅设计手册等参考资料,选择规格型号合适的元件组成一个完整的液压系统,并调试运行。
3. 任务检查及评价。
(1)教师依据学生操作的规范性、回答问题的准确性以及学生课堂表现进行综合评定。
(2)教师根据任务完成情况进行适当补充和讲解。
五、任务实施记录
1. 写出试验台所用液压辅助元件的名称,画出图形符号。

2. 说明试验台所用辅助元件的作用。

小组得分:	指导教师签字:

巩固练习

一、填空题

1. 液压系统中常用的油管有 _____、_____、_____、_____、_____等多种类型。需要根据_____、_____来正确选用。

2. 按滤芯材料和结构形式不同,过滤器可分 _____、_____、_____、_____,按过滤精度不同,过滤器分为 4 种:_____、_____、_____、_____。

3. 间隙密封主要用于_____场合,V 形密封圈主要用于_____场合。

二、选择题

1. 在 20MPa 的液压系统中，可以选用（   ）作为液压系统的管道。

A. 塑料管　　　　　　B. 尼龙管　　　　　　C. 无缝钢管　　　　　D. 焊接钢管

2. 蓄能器在液压系统中的主要功能不包括（   ）。

A. 辅助动力　　　　　B. 吸收压力脉动　　　C. 保压　　　　　　　D. 增压

3. 在液压系统中使用最为广泛的密封圈是（   ）。

A. Y 形密封圈　　　　B. O 形密封圈　　　　C. V 形密封圈　　　　D. U 形密封圈

4. 强度高、耐高温、抗腐蚀性强以及过滤精度高的精过滤器是（   ）。

A. 网式过滤器　　　　B. 线隙式过滤器　　　C. 烧结式过滤器　　　D. 纸芯式过滤器

5. 与（   ）管接头连接的油管对外壁尺寸精度要求最高。

A. 焊接式　　　　　　B. 扩口式　　　　　　C. 卡套式　　　　　　D. 快换式

三、判断题

1. 在安装线隙式过滤器、纸芯式过滤器和烧结式过滤器时，油液由滤芯内向外流出时得到过滤。　　　　　　　　　　　　　　　　　　　　　　　　　　　　　（　　）

2. 装配 Y 形密封圈时，其唇边应对着无压力油的油腔。　　　　　　　　（　　）

3. 蓄能器是压力容器，搬运和装拆时应先将充气阀打开，排出气体，以免因振动或碰撞发生事故。　　　　　　　　　　　　　　　　　　　　　　　　　　　（　　）

4. 压力表开关的作用是关闭或打开压力表，在工作过程中打开或关闭都可以。（　　）

5. 过滤器和空气过滤器都是依据过滤精度来选择确定的。　　　　　　　（　　）

四、简答题

1. 密封装置主要功用是什么？

2. 过滤器一般安装在液压系统中什么位置？

3. 蓄能器在液压系统中有什么功用？蓄能器安装应注意哪些问题？

项目五 方向控制阀的识别与应用

【项目描述】

方向控制阀是液压控制元件中用来控制液压系统中各油路通、断或改变液流方向,从而控制液压执行元件的启动、停止或改变其运动方向的阀类。本项目通过对方向控制阀的识别,掌握常用方向控制阀的主要类型、结构特点、工作原理、图形符号和应用场合,并且正确选用方向控制阀;能够合理利用方向控制阀的结构特点设计、组装、调试常用的方向控制回路。

【项目目标】

知识目标:

① 了解方向控制阀的分类;

② 掌握单向阀的分类;

③ 掌握普通单向阀的结构特点、工作原理、图形符号及使用场合;

④ 掌握液控单向阀的结构特点、工作原理、图形符号及使用场合;

⑤ 掌握换向阀的类型、各类型结构特点、工作原理、图形符号及使用场合;

⑥ 重点掌握三位换向阀中位机能的结构特点、图形符号及作用;

⑦ 掌握方向控制回路的类型及常用控制场合。

能力目标:

① 能正确区分普通单向阀和液控单向阀,并能够合理选用普通单向阀及液控单向阀;

② 能根据图形符号判断换向阀的类型、结构特点及使用场合;

③ 能合理利用方向控制阀的结构特点设计、组装、调试常用方向控制回路;

④ 能运用所学知识分析判断方向控制阀常见故障。

【相关知识】

方向控制阀是用来使液压系统中各油路通、断或改变液流方向,从而控制液压执行元件的启动、停止或改变其运动方向的阀类。方向控制阀包括单向阀和换向阀。

一、单向阀的识别与应用

单向阀是控制油液单方向流动的方向控制阀,常见的有普通单向阀和液控单向阀两种。

(一)普通单向阀

普通单向阀又称止回阀或逆止阀,它只能使液体沿一个方向通过,反向液流被截止。普通单向阀通常是锥阀或球阀,按其结构不同分为钢球密封式直通单向阀、锥阀芯密封式直通单向阀、直角式单向阀三种。

1. 普通单向阀的结构及工作原理

单向阀按进出液流方向的不同有直通式和直角式两种结构形式。图 5-1(a) 所示为直通式普通单向阀，压力油从阀体左端的通口 P_1 流入时，克服弹簧 3 作用在阀芯 2 上的力，使阀芯向右移动，打开阀口，并通过阀芯 2 上的径向孔 a、轴向孔 b 从阀体右端的通口流出；反向，压力油从阀体右端的通口 P_2 流入时，液压力和弹簧力一起使阀芯压紧在阀座上，使阀口关闭，油液无法通过。图 5-1(b) 所示为直角式单向阀，其结构原理与直通式单向阀类似。图 5-1(c) 所示为单向阀的图形符号。

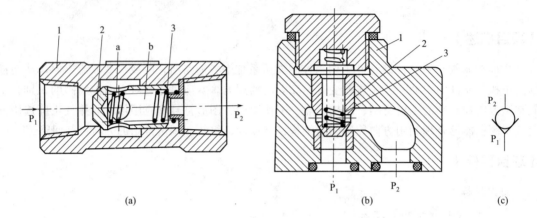

图 5-1　普通单向阀

1—阀体；2—阀芯；3—弹簧

2. 普通单向阀的应用

（1）分隔油路，以防干扰。单向阀中的弹簧仅用于克服摩擦力、阀芯的重力和惯性力，使阀芯复位压在阀座上，所以单向阀中的弹簧刚度很小，所以单向阀的开启压力比较小，一般开启压力为 0.04～0.1MPa。如将单向阀安装在液压泵的出口，防止油液倒流进液压泵，造成泵的反转和损坏。

（2）做背压阀使用。如果将单向阀安装在液压系统的回油路上做背压阀使用，可更换硬弹簧使其开启压力达到 0.2～0.6MPa。利用单向阀的背压作用来提高执行元件运动的稳定性，减小液压缸运动时的前冲和爬行现象。

（3）单向阀与其他阀并联，组成复合阀。如单向节流阀、单向顺序阀等。

（4）单向阀的性能要求：油液正向通过时压力损失小；反向截止时密封性能好；动作灵敏，工作时无撞击和噪声。

（二）液控单向阀的识别与应用

液控单向阀是依靠控制油液的压力，允许油液双方向流动的单向阀。它由普通单向阀和液控装置两部分组成。

如图 5-2(a) 所示，液控单向阀与普通单向阀相比，在结构上增加了一个控制活塞 1 和控制油口 K。除了可以实现普通单向阀的功能外，还可以根据需要由外部油压来控制，以实现逆向流动。当控制油口 K 没有通入压力油时，它的工作原理与普通单向阀完全相同，压力油从 P_1 流向 P_2，反向被截止；当控制油口 K 通入控制压力油 p_K 时，控制活塞 1 向上移动，顶开阀芯 2，使油口 P_1 和 P_2 相通，使油液反向通过。为了减小控制活塞移动时的阻力，设一外泄油口 L，控制压力 p_K 最小应为主油路压力的 30%～50%。

图 5-2(b) 为带卸荷阀芯的液控单向阀。当控制油口通入压力油 p_K，控制活塞先顶起

卸荷阀芯 3，使主油路的压力降低，然后控制活塞以较小的力将阀芯 2 顶起，使 P_1 和 P_2 相通。可用于压力较高的场合。

液控单向阀图形符号如图 5-2(c) 所示。

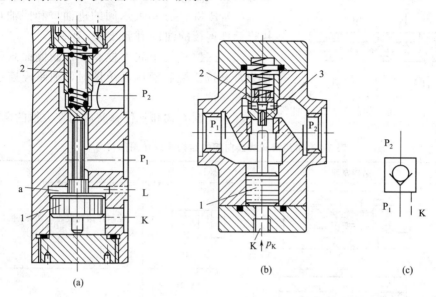

图 5-2　液控单向阀
1—控制活塞；2—阀芯；3—卸荷阀芯

二、换向阀的识别与应用

换向阀是利用阀芯相对阀体位置的改变，使油路接通、断开或改变液流方向，从而控制执行元件的启动、停止或改变其运动方向的液压控制阀。

（一）换向阀的分类

换向阀的种类很多，具体类型详见表 5-1。

表 5-1　换向阀的类型

分类方式	类　型	分类方式	类　型
按阀芯结构分类	滑阀式、转阀式、球阀式	按通路数量分类	二通、三通、四通、五通等
按工作位置数量分类	二位、三位、四位	按操纵方式分类	手动、机动、电磁、液动、电液动等

（二）换向阀的工作原理

图 5-3 为滑阀式换向阀的工作原理图。当阀芯向右移动时，液压泵的压力油从阀的 P 口经 A 口进入液压缸左腔，推动活塞向右移动，液压缸右腔的油液经 B 口流回油箱；反之，当阀芯向左移动时，液流反向，活塞向左运动。

换向阀的结构原理和图形符号见表 5-2。表中图形符号的含义：

（1）用方框表示阀的工作位置数，有几个方框就是几个工作位阀。

（2）一个方框与外部相连接的主油口数有几个，就表示几"通"。

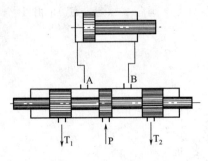

（3）方框内的箭头只表示该位置上油路接通，不表示液流的流向；方框内的符号"⊤"或"⊥"表示此通路被阀芯封闭。

（4）P 和 T 分别表示阀的进油口和回油口，而与执行元件连接的油口用字母 A、B 表示。

（5）三位阀的中间方框和二位阀侧面画弹簧的方框为常态位。绘制液压系统图时，油路应连接在换向阀的常态位上。

（6）控制方式和复位弹簧应画在方框的两端。

图 5-3　滑阀式换向阀的工作原理图

表 5-2　常用滑阀式换向阀的结构原理和图形符号

名称	结构原理图	图形符号	备　注	
二位二通阀			控制油路的接通与切断（相当于一个开关）	
二位三通阀			控制液流方向（从一个方向变换成另一个方向）	
二位四通阀			不能使执行元件在任一位置处停止运动	执行元件正反向运动时回油方式相同
三位四通阀			能使执行元件在任一位置处停止运动	控制执行元件换向
二位五通阀			不能使执行元件在任一位置处停止运动	执行元件正反向运动时可以得到不同的回油方式
三位五通阀			能使执行元件在任一位置处停止运动	

（三）换向阀的中位机能

换向阀各阀口的连通方式称为阀的机能，不同的机能可满足系统的不同要求，对于三位阀，阀芯处于中间位置（即常态位）时各油口的连通形式称为中位机能。表 5-3 为常见的三位四通、五通换向阀中位机能的形式、结构简图和中位符号。由表可以看出，不同的中位机能是通过改变阀芯的形状和尺寸得到的。

表 5-3　三位换向阀的中位机能

机能类型	结构简图	中间位置的符号		作用、机能特点
		三位四通	五位五通	
O		A B P T	A B T₁ P T₂	换向精度高，但有冲击，缸被锁紧，泵不卸荷，并联缸可运动
H		A B P T	A B T₁ P T₂	换向平稳，但冲击量大，缸浮动，泵卸荷，其他缸不能并联使用
Y		A B P T	A B T₁ P T₂	换向较平稳，冲击量较大，缸浮动，泵不卸荷，并联缸可运动
P		A B P T	A B T₁ P T₂	换向最平稳，冲击量较小，缸浮动，泵不卸荷，并联缸可运动
M		A B P T	A B P T	换向精度高，但有冲击，缸被锁紧，泵卸荷，与其他缸不能并联使用

在分析和选择阀的中位机能时，通常考虑以下几点：

（1）系统保压与卸荷　当 P 口被封闭时，如 O 型、Y 型，系统保压，液压泵能用于多缸液压系统。当 P 口和 T 口相通时，如 H 型、M 型，这时整个系统卸荷。

（2）换向精度和换向平稳性　当工作油口 A 和 B 都封闭时，如 O 型、M 型，换向精度高，但换向过程中易产生液压冲击，换向平稳性差。当油口 A 和 B 都通 T 口时，如 H 型、

Y 型，换向时液压冲击小，平稳性好，但换向精度低。

（3）启动平稳性　阀处于中位时，A 口和 B 口都不通油箱，如 O 型、P 型、M 型，启动时，油液能起缓冲作用，易于保证启动的平稳性。

（4）液压缸"浮动"和在任意位置处锁住　当 A 口和 B 口接通时，如 H 型、Y 型，卧式液压缸处于"浮动"状态，可以通过其他机构使工作台移动，调整其位置。当 A 口和 B 口都被封闭时，如 O 型、M 型，则可使液压缸在任意位置处停止并被锁住。

（四）对换向阀的性能要求

（1）油液流经换向阀时压力损失要小（一般 0.3MPa）。
（2）互不相通的油口间泄漏要小。
（3）换向要可靠、迅速且平稳无冲击。

（五）滑阀式换向阀的几种操纵方式

滑阀式换向阀的操纵方式包括手动、机动、电磁动、液动、电液动等。

1. 手动换向阀

手动换向阀是利用手动杠杆操纵阀芯运动的换向阀。有弹簧自动复位和钢球定位两种形式。图 5-4(a) 为自动复位式手动换向阀。向右推动手柄 4 时，阀芯 2 向左移动，使油口 P 与油口 A 接通；B 与油口 T 接通。若向左推动手柄，阀芯向右运动，则油口 P 与油口 B 相通，油口 A 与油口 T 相通。

松开手柄后，阀芯依靠复位弹簧的作用自动弹回到中位，油口 P、T、A、B 互不相通。其图形符号如图 5-4(c) 所示。

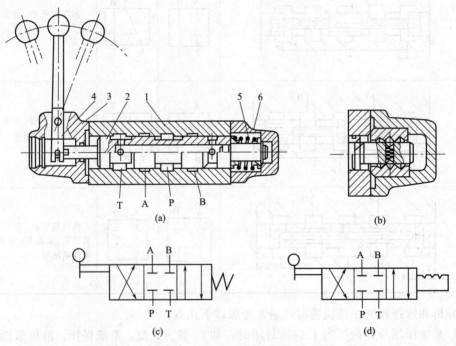

图 5-4　三位四通手动换向阀

1—阀体；2—阀芯；3—前盖；4—手柄；5—弹簧；6—后盖

自动复位式手动换向阀适用于动作频繁、持续工作时间较短的场合，操作比较安全，常用于工程机械的液压系统中。

若将该阀右端弹簧的部位改为图 5-4(b) 的形式，即可成为在左、中、右三个位置定位的手动换向阀。当阀芯向左或向右移动后，就可借助钢球使阀芯保持在左端或右端的工作位置上。其图形符号如图 5-4(d) 所示。该阀适用于机床、液压机、船舶等需保持工作状态时间较长的场合。

2. 机动换向阀

机动换向常用于控制机械设备的行程，又称行程阀。它是利用安装在运动部件上凸轮或挡块使阀芯移动而实现换向的。机动换向阀通常是二位阀，有二通、三通、四通和五通几种。二通阀分常开和常闭两种形式。

图 5-5(a) 为二位二通机动换向阀的结构。图示位置，在弹簧 4 的作用下，阀芯 3 处于左端位置，油口 P 和 A 不连通；当挡铁压住滚轮 2 使阀芯 3 移到右端位置时，油口 P 和 A 接通。其图形符号如图 5-5(b) 所示。

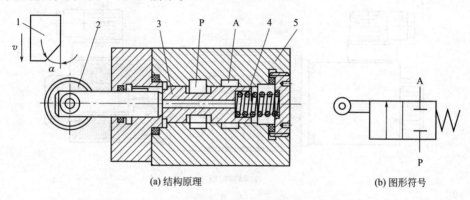

(a) 结构原理　　　　　　　　(b) 图形符号

图 5-5　二位二通机动换向阀

1—挡铁；2—滚轮；3—阀芯；4—弹簧；5—阀体

机动换向阀具有结构简单、工作可靠、位置精度高等优点。若改变挡铁的斜角 α 就可改变换向时阀芯的移动速度，即可调节换向过程的时间。机动换向阀必须安装在运动部件附近，故连接管路比较长。

3. 电磁换向阀

电磁换向阀是利用电磁铁的磁力来控制阀芯移动，从而改变阀芯位置的换向阀。一般有二位和三位，通路数有二通、三通、四通和五通。

图 5-6(a) 为二位三通电磁换向阀的结构。图示位置电磁铁不通电，油口 P 和 A 连通，油口 B 断开；当电磁铁通电时衔铁 1 吸合，推杆 2 将阀芯 3 推向右端，使油口 P 和 A 断开，与 B 接通。其图形符号如图 5-6(b) 所示。

图 5-7(a) 为三位四通电磁换向阀。当两边电磁铁都不通电时，阀芯 3 在两边对中弹簧 4 的作用下处于中位，P、T、A、B 油口互不相通；当左边电磁铁通电时，左边衔铁吸合，推杆 2 将阀芯 3 推向右端，油口 P 和 B 接通，A 与 T 接通；当右边电磁铁通电时，则油口 P 和 A 接通，B 与 T 接通。其图形符号如图 5-7(b) 所示。

电磁换向阀的电磁铁可用按钮开关、行程开关、压力继电器等电器元件控制，无论位置远近，控制均很方便，且易于实现动作转换的自动化，因此得到广泛应用。电磁换向阀按使用的电源不同，有交流型和直流型两种。交流电磁铁的使用电压多为 220V，换向时间短（约为 0.01~0.03s），启动力大，电气控制线路简单。但工作时冲击和噪声大，阀芯吸合不

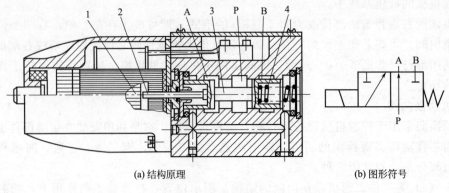

(a) 结构原理　　　　　　　　　　　　　(b) 图形符号

图 5-6　二位三通电磁阀
1—衔铁；2—推杆；3—阀芯；4—弹簧

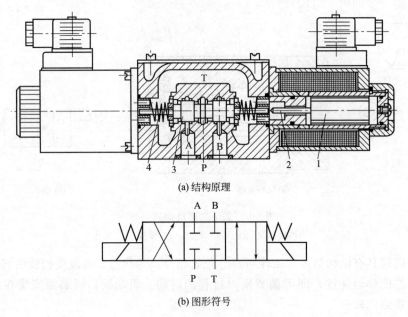

(a) 结构原理

(b) 图形符号

图 5-7　三位四通电磁阀
1—衔铁；2—推杆；3—阀芯；4—弹簧

到位容易烧毁线圈，所以寿命短，其允许切换频率一般为 10 次/min。直流电磁铁的电压多为 24V，换向时间长（约为 0.05～0.08s），启动力小，冲击小，噪声小，对过载或低电压反应不敏感，工作可靠，寿命长，切换频率可达 120 次/min，因需配备专门的直流电源，因此费用较高。由于电磁铁吸力有限，因而要求切换的流量不能太大，一般在 63L/min 以下，且回油口背压不宜过高，否则易烧毁电磁铁线圈。

4. 液动换向阀

液动换向阀是利用控制油路的压力油来推动阀芯移动，从而改变阀芯位置的换向阀。图 5-8(a) 为三位四通液动换向阀的结构。阀上设有两个控制油口 K_1 和 K_2；当两个控制油口均都未接通压力油时，阀芯 2 在两端对中弹簧 4、7 的作用下处于中位，油口 P、T、A、B 互不相通；当 K_1 接通压力油、K_2 接油箱时，阀芯在压力油的作用下右移，油口 P 与 B 接通，A 与 T 接通；反之，K_2 接通压力油，K_1 接油箱时，阀芯左移，油口 P 与 A 接通，B 与 T 接通。其图形符号如图 5-8(b) 所示。

液动换向阀是用直接压力控制方法改变阀芯工作位置的换向阀，由于压力油可以产生很大的推力，所以常用于流量大、压力高的液压系统。液动换向阀常与电磁换向阀组合成电液

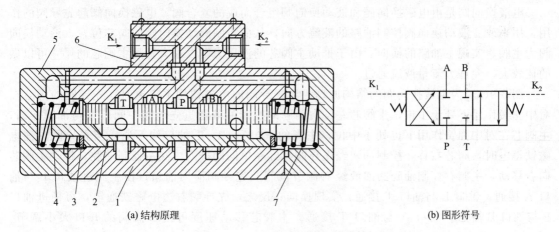

(a) 结构原理   (b) 图形符号

图 5-8 三位四通液动换向阀

1—阀体；2—阀芯；3—挡圈；4,7—弹簧；5—端盖；6—盖板

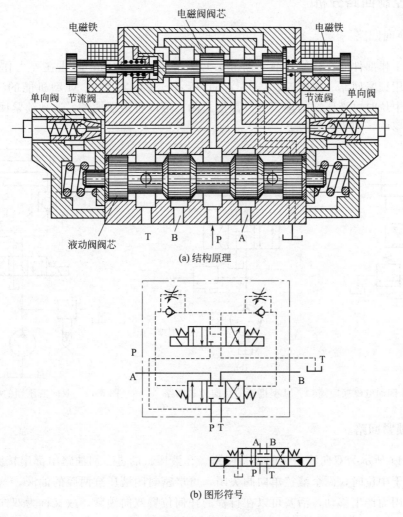

(a) 结构原理

(b) 图形符号

图 5-9 电液换向阀

换向阀，以实现自动换向。

5. 电液换向阀

电液换向阀是由电磁换向阀和液动换向阀组合而成的复合阀。电磁换向阀起先导阀的作用，用来改变液动换向阀控制油路的液流方向，从而控制液动换向阀的阀芯位置；液动换向阀为主阀，实现主油路的换向。由于推动主阀芯的液压力可以很大，故主阀芯的尺寸可以做的比较大，允许大流量液流通过。

图 5-9(a) 为电液换向阀的结构原理。当先导阀的电磁铁均不得电时，先导阀的阀芯在对中弹簧作用下处于中位，主阀芯左、右两腔的控制油液通过先导阀中间位置与油箱连通，主阀芯在对中弹簧作用下也处于中位，主阀的 P、A、B、T 油口均不通。当先导阀左侧电磁铁得电时，阀芯右移，控制油液经先导阀再经左单向阀进入主阀左控制油腔，推动主阀芯向右移动，主阀右控制油腔的油液经右侧节流阀及先导阀泄回油箱；使主阀进油口 P 与油口 A 接通，油口 B 与油口 T 接通，实现换向；反之，先导阀右边电磁铁通电，可使进油口 P 与油口 B 接通，油口 A 与油口 T 接通。主阀芯移动速度可由节流阀的开口大小调节。图 5-9(b) 为电液换向阀的图形符号和简化符号。

三、方向控制回路分析

（一）换向回路

为了使工作部件能在任意位置上停留，以及在停止工作时，防止在外力作用下发生移动，可以采用锁紧回路。如图 5-10(a)、(b) 所示，采用 O 型或 M 型机能的三位换向阀，当阀芯处于中位时，液压缸的进、出口都被封闭，可以将活塞锁紧，这种锁紧回路由于受到滑阀泄漏的影响，锁紧效果较差。

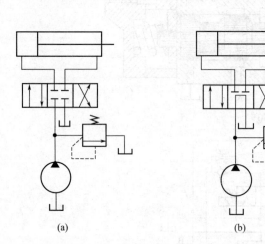

(a)　　　　　　　　　　(b)

图 5-10　三位四通电磁换向阀 O、M 型机能的换向锁紧回路

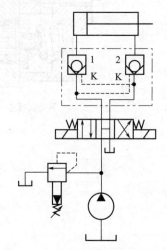

图 5-11　双向液压锁的锁紧回路

（二）锁紧回路

如图 5-11 所示为双向液压锁的锁紧回路。在液压缸的进、回油路中都串接液控单向阀，当换向阀处于中位时，两个液控单向阀关闭，可严密封闭液压缸两腔的油液，这时活塞就不能因外力作用而产生移动，活塞可以在行程的任何位置双向锁紧，故又称为双向液压锁。其锁紧精度只受液压缸内少量的内泄漏影响，因此锁紧精度较高。为保证锁紧位置精度，双向

液压锁回路中的换向阀中位机能应采用 H 型或 Y 型，以实现液控单向阀的控制油液卸压。假如采用 O 型中位机能，由于液控单向阀的控制腔压力油被闭死而不能立即关闭，直至由换向阀的内泄漏使控制腔泄压后，液控单向阀才能关闭，影响其锁紧精度。

方向控制阀常见故障与排除

方向控制阀常见故障与排除方法见表 5-4～表 5-6。

表 5-4　普通单向阀故障分析与排除方法

故障现象	产　生　原　因	排　除　方　法
单向阀内泄严重	(1)阀座与阀芯同轴度差 (2)阀座碎裂 (3)弹簧变软 (4)滑阀拉毛 (5)油液杂质粘在阀芯和阀座之间,造成内泄	(1)重新修正 (2)更阀座 (3)更换弹簧 (4)重新研配 (5)清洗零件,必要时更换液压油
不起单向作用	(1)滑阀在阀体内咬住 (2)漏装弹簧或弹簧折断	(1)认真检查阀咬住的原因,并修正或更换 (2)重新装弹簧
发出异常声音	(1)液压油流量超过允许值 (2)与其他阀共振 (3)在卸压单向阀中,用于立式大油缸等回路,没有卸压装置	(1)应更流量大的单向阀 (2)可略改变阀的额定压力也可以试调弹簧的强弱 (3)应补充卸压装置回路

表 5-5　液控单向阀故障分析与排除方法

故障现象	产　生　原　因	排　除　方　法
控制失灵（不能实现反向流通）	(1)控制活塞因为杂质卡住 (2)泄油孔出现问题 (3)控制油压力太低 (4)控制活塞出现问题	(1)清洗零件 (2)应检查泄油孔清理堵塞物 (3)提高控制压力 (4)检查控制活塞的磨损情况
单向阀能正反方向通过	同普通单向阀	同普通单向阀
发出异常声音	同普通单向阀	同普通单向阀
液控阀不会作动	(1)液控压力不足 (2)灰尘进入或阀芯胶着	(1)须加止回阀,形成液控压力 (2)分解清理之,洗净

表 5-6　换向阀故障分析与排除方法

故障现象	产　生　原　因	排　除　方　法
由人工操作阀杆的油封漏油	(1)油封破损 (2)排油口有背压	(1)更换油封 (2)背压须在 0.410kgf/cm²
机械操作的阀芯不能动作	(1)排油口有背压 (2)压下阀芯的凸块角度过大 (3)压力口及排油口的配管错误	(1)背压须在 0.410kgf/cm² (2)凸块的角度应在 30°以上 (3)修正配管
电磁阀的线圈烧坏	(1)线圈绝缘不良 (2)磁力线圈铁芯卡住 (3)电压过高或过低 (4)转换的压力在规定以上 (5)转换的流量在规定以上 (6)回油接口有背压	(1)更换电磁线圈 (2)更换电磁圈铁芯 (3)检查电压适当调整 (4)检查压力计,降低压力 (5)更换流量小的控制阀 (6)回油口直接接回油箱,尤其是泄油(使用外部泄油)

故障现象	产 生 原 因	排 除 方 法
烧电磁铁 （交流）	（1）因滑阀卡住，交流电磁铁的铁芯吸不到底面而烧毁 （2）电磁铁的换向频率过快，烧坏电磁铁 （3）电磁铁线圈漆包线损坏 （4）环境温度高 （5）线圈受潮生锈 （6）油液压力过大或者黏性过大，超过了电磁铁的负载范围，造成电磁铁烧坏	（1）检查滑阀卡住的原因，根据实际情况维修 （2）增大电磁铁的换向频率 （3）及时更换电磁铁 （4）可采用湿热带型电磁铁 （5）更换线圈 （6）检查液压油压力升高的原因或选择合适黏度的液压油，同时更换电磁铁
电磁铁换向不牢靠	（1）因污染物所导致的换向不牢靠 （2）油液中细微铁粉被电磁铁通电形成的磁场磁化，吸附在阀芯或阀孔上导致卡紧 （3）油箱无防尘措施导致污染物进入 （4）运转过程中空气中的尘埃进入液压系统，带到电磁阀内 （5）液压油老化，劣化产生油泥及其他污染物	（1）采取措施尽量避免污染物进入 （2）在合适位置安装磁性过滤器 （3）加油时采取防尘措施 （4）在加油孔处增加过滤器，注意检查清洗 （5）定期更换液压油

任务实施

为实现本项目的目标，请教师按照学习性工作任务单要求，依据任务实施过程分组组织任务实施，完成工作任务内容，并组织学生按要求完成任务实施记录。学习性工作任务单见表 5-7。

表 5-7　学习性工作任务单

任务名称：方向控制阀的识别与方向控制回路分析	地点：实训室
专业班级：	学时：6 学时

第_____组，组长：_____　成员：_____

一、工作任务内容
1. 拆装液控单向阀，掌握单向阀的工作原理、结构特点及应用范围。
2. 拆装换向阀，掌握换向阀的换向原理、结构特点及应用范围。
3. 设计换向、锁紧回路，并在实验台上安装调试与运行。

二、课前预习准备
参考教材《液压与气压传动》和活页资料中的相关内容。

三、有关通知事宜
1. 提前 10 分钟到达学习地点，熟悉环境，不得无故迟到和缺勤。
2. 带好参考书、讲义和笔记本等。
3. 班组长协助教师承担本班组的安全责任。

四、任务实施记录
（一）方向控制阀拆装
1. 将液控单向阀和换向阀拆卸后的图片粘贴在此处，按照拆卸顺序标出序号并写出零件名称。
2. 回答问题。
（1）分别画出普通单向阀、液控单向阀和所拆卸的换向阀的图形符号。
（2）液控单向阀与普通单向阀相比，结构上有何区别？工作原理上有何区别？
（3）什么是换向阀的"位"和"通"？什么是换向阀的常态位？
（4）能够实现液压缸锁紧、液压缸浮动、液压泵卸荷的中位机能分别有哪些？
（二）方向控制回路设计与安装调试
1. 设计能够实现换向和锁紧功能的方向控制回路，画出回路图。
2. 在实验台上进行安装调试，分析回路工作过程。

小组得分：	指导教师签字：

一、填空题

1. 液压控制阀按用途分为_____、_____、_____三类。

2. 方向控制阀是用来使液压系统中各油路_____、_____或_____方向，从而控制液压执行元件的启动、停止或改变其运动方向的阀类。

3. 单向阀包括_____和_____两种。

4. 换向阀按操作方式来分类包括_____、_____、_____、_____、_____。

5. 常用的中位机能有_____、_____、_____、_____。其中可以实现卸荷的是_____、_____。

二、选择题

1. 换向阀按工作位置数量分类，没有下列哪项？（　　　）

A. 一位　　　　　　B. 二位　　　　　　C. 三位　　　　　　D. 四位

2. （　　　）型执行元件单向锁紧，油泵卸荷。

A. O 型　　　　　　B. M 型　　　　　　C. K 型　　　　　　D. H 型

3. 下列换向阀操纵方式（　　　）属于电磁控制方式。

A. ⊥　　　　　　B. ----⊥　　　　　　C. ⟋⊥　　　　　　D. ----⊥

4. 二位三通图形符号为（　　　）。

A. ［B/A符号］　　　　　　B. ［A B/P符号］

C. ［A B/P T符号］　　　　　　D. ［A B/P T符号］

三、判断题

1. 换向阀用方框表示阀的工作位置，有几个方框就表示有几个工作位置。（　　　）

2. 换向阀一个方框与外部相连接的主油口数有几个，就表示几"通"。（　　　）

3. 换向阀方框内的箭头表示该位置上油路接通，且表示液流的流向；方框内的符号"┰"或"⊥"表示此通路被阀芯封闭。（　　　）

4. 三位阀的中间方框和二位阀侧面画弹簧的方框为常态位。（　　　）

5. 换向阀控制方式和复位弹簧应画在方框的两端。（　　　）

6. 液控单向阀可以做液压锁。（　　　）

7. 普通单向阀只能使液体沿一个方向通过，反向流通时则不通。（　　　）

四、简答题

1. 画图（图形符号）说明普通单向阀与液控单向阀的异同。

2. 说出下列图形符号名称。

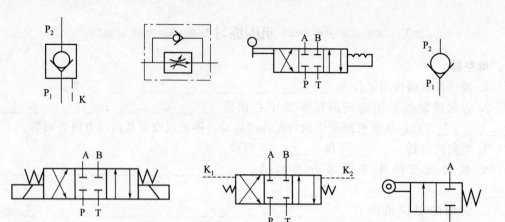

项目六　压力控制阀的识别与应用

【项目描述】

压力控制阀是用于控制系统中油液压力或利用油液压力的变化实现控制。本项目通过对溢流阀、减压阀、顺序阀和压力继电器的识别和分析，让学生掌握其工作原理、结构特点和应用场合，能合理利用压力控制阀设计基本压力控制回路，并能进行回路的组装与运行调试。

【项目目标】

知识目标：

① 掌握溢流阀、减压阀、顺序阀、压力继电器的结构、工作原理和图形符号；

② 掌握溢流阀、减压阀、顺序阀、压力继电器在液压系统中的应用；

③ 理解溢流阀、减压阀和顺序阀的区别。

能力目标：

① 能按要求规范地拆装溢流阀、减压阀、顺序阀和压力继电器；

② 能利用压力控制阀设计基本压力控制回路；

③ 能识别和选用压力控制阀组装压力控制回路并进行调试运行。

【相关知识】

在液压系统中，控制油液压力高低的阀和利用压力变化实现动作控制的阀统称为压力控制阀。压力控制阀的共同点就是利用作用在阀芯上的液压力和弹簧力相平衡的原理来工作的。

常用的压力控制阀主要有溢流阀、减压阀、顺序阀和压力继电器等。

一、溢流阀的识别与应用

溢流阀在液压系统中的主要作用是调压、稳压或限压。按其结构不同可分为直动式和先导式两种。

（一）直动式溢流阀

直动式溢流阀是靠系统中的压力油直接作用于阀芯上和弹簧力相平衡的原理来工作的。图 6-1(a) 所示为直动式溢流阀的结构。P 是进油口，T 是回油口，压力油从 P 口进入，经阀芯 4 上的径向小孔 c 和轴向阻尼小孔 d 作用在阀芯底部锥孔 a 上，当进油压力 p 较小时，阀芯 4 在弹簧 2 的作用下处于最下端位置，油口 P 和 T 不通，溢流阀处于关闭状态。当进油压力 p 升高，阀芯所受的液压力大于弹簧力时，阀芯 4 上移，阀口被打开，油口 P 和 T 相通实现溢流。阀口的开度经过一个过渡过程后，便稳定在某一位置上，进油口压力 p 也稳定在某一调定值上。调整螺母 1，可以改变弹簧 2 的预紧力，这样就可调节进油口的压力

p。阀芯上的阻尼小孔 d 的作用是对阀芯的动作产生阻尼，提高阀的工作平稳性。图 6-1(a)
中 L 为泄油口，溢流阀工作时，油液通过间隙泄漏到阀芯上端的弹簧腔，通过阀体上的 b
孔与回油口 T 相通，此时 L 口堵塞，这种连接方式称为内泄；若将 b 孔堵塞，L 口打开，
泄漏油直接引回油箱，这种连接方式称为外泄。对于特定的阀，调节弹簧力就可调节进口压
力 p。当系统压力变化时，阀芯会作相应的波动，而后在新的位置上平衡；与之相应的弹簧
力也要发生变化，但相对于调定的弹簧力来说变化很小，所以认为 p 值基本保持恒定。
直动式溢流阀直接利用液压力和弹簧力平衡，所以压力稳定性差。故一般只用于低压小流量
场合。图 6-1(b) 为直动式溢流阀的图形符号。

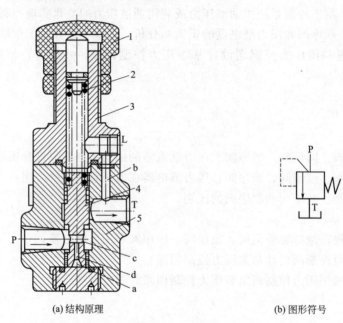

(a) 结构原理   (b) 图形符号

图 6-1   滑阀式直动溢流阀

1—调压螺母；2—调压弹簧；3—上盖；4—阀芯；5—阀体；

a—锥孔；b—内泄孔道；c—径向小孔；d—轴向阻尼小孔

（二）先导式溢流阀

先导式溢流阀由先导阀和主阀两部分组成。它是利用作用在主阀芯上、下两端的压力差
所形成的作用力和弹簧力相平衡的原理来进行工作的。其结构如图 6-2(a) 所示。P 是进油
口，T 是回油口，压力油从 P 口进入，通过阀芯轴向小孔 a 进入 A 腔，同时经 b 孔进入 B
腔，又经 d 孔作用在先导阀的锥阀芯 8 上。当进油压力 p 较低，不足以克服调压弹簧 6 的弹
簧力时，锥阀芯 8 关闭，主阀芯 2 上、下两端压力相等，主阀芯 2 在复位弹簧 3 的作用下处
于最下端位置，阀口 P 和 T 不通，溢流阀处于关闭状态。当进油压力升高，作用在锥阀芯
上的液压力大于弹簧力时，锥阀芯 8 被打开，压力油便经 c 孔、回油口 T 流回油箱。由于阻
尼孔 b 的作用，使主阀芯 2 上端的压力 p_1 小于下端压力 p，当这个压力差超过复位弹簧 3
的作用力时，主阀芯上移，进油口 P 和回油口 T 相通，实现溢流。所调节的进口压力 p 也
要经过一个过渡过程才能达到平衡状态。

由于 p_1 是由先导阀弹簧调定，基本为定值；主阀芯上腔的复位弹簧 3 的刚度可以较
小，且弹簧力的变化也较小。所以当溢流量发生变化时，溢流阀进口压力 p 的变化较小。

因此先导式溢流阀相对直动式溢流阀具有较好的稳压性能。但它的反应不如直动式溢流阀灵敏，一般适用于压力较高的场合。

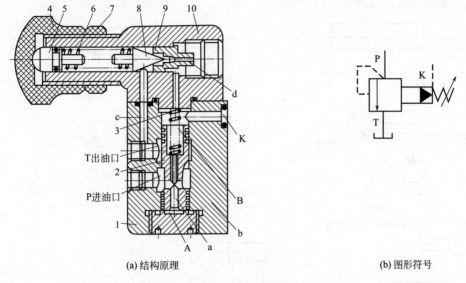

(a) 结构原理　　　　　　　　　　　　　　　(b) 图形符号

图 6-2　先导式溢流阀

1—主阀体；2—主阀芯；3—复位弹簧；4—调节螺母；5—调节杆；6—调压弹簧；

7—螺母；8—锥阀芯；9—锥阀座；10—阀盖；

a，b—轴向小孔；c—流道；d—小孔

　　先导式溢流阀有一个远程控制口 K，如果将此口接另一个远程调压阀，从而对溢流阀的进口压力实现远程调压。但远程调压阀调定的压力不能超过先导阀调定的压力，否则不起作用。当远程控制口 K 接通油箱时，主阀芯上腔的油液压力接近于零，溢流阀进油口处的油液以很低的压力将阀口打开，流回油箱，实现卸荷。图 6-2(b) 为图形符号。

（三）溢流阀的应用

1. 溢流稳压

　　在定量泵供油的液压系统中，溢流阀并联在泵的出口处，与流量控制阀配合使用，用来保持系统的压力基本恒定，并将泵的多余油液溢流回油箱。如图 6-3(a) 所示。执行元件所需要的油液由流量阀 2 调节，泵多余的油液通过溢流阀 1 溢流回油箱，溢流阀同时稳定了泵的出口压力。在这种情况下，溢流阀的阀口始终是开启的。

2. 过载保护

　　在变量泵供油的液压系统中，执行元件的速度由变量泵自身调节，泵出口压力随负载变化而变化。如图 6-3(b) 所示，但变量泵出口接溢流阀，如果系统过载，溢流阀立即打开，从而保障了系统的安全。故此系统中的溢流阀又称为安全阀。

3. 实现远程调压

　　将先导式溢流阀的远程控制口与直动式溢流阀连接，可实现远程调压。如图 6-3(c) 所示。

4. 作背压阀

　　在液压系统的回油路上串接一个溢流阀，造成可调的回油阻力，形成背压。可以改善执行元件的运动平稳性。如图 6-3(d) 所示。

5. 使泵卸荷

将二位二通电磁换向阀接先导式溢流阀的远程控制口，可使液压泵卸荷，降低功率消耗，减少系统发热。如图 6-3（e）所示。

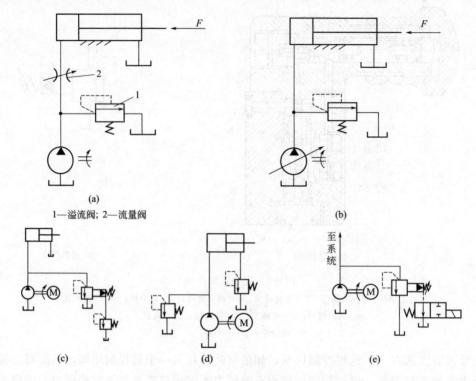

1—溢流阀；2—流量阀

图 6-3　溢流阀的应用

（四）调压回路

调压回路用来调定或限制液压系统的最高工作压力。一般由溢流阀来实现。在定量泵供油的液压系统中，溢流阀调定液压泵的供油压力，起溢流稳压的作用。在变量泵供油的液压系统中，溢流阀限制系统的最高压力，防止系统过载。若系统中需要两种以上的压力，可采用多级调压回路。

1. 单级调压回路

如图 6-4（a）所示，通过液压泵 1 和溢流阀 2 组成单级调压回路。调节溢流阀的压力，可以改变泵的输出压力。将液压泵 1 改为变量泵，溢流阀作为安全阀来使用，起安全保护作用。

2. 二级调压回路

图 6-4（b）所示为二级调压回路。由先导式溢流阀 2 和直动式溢流阀 4 各调一级压力，当二位二通电磁阀 3 处于图示位置时，系统压力由阀 2 调定，当阀 3 得电后，系统压力由阀 4 调定。阀 4 的调定压力要小于阀 2 的调定压力，否则不起作用。

3. 多级调压回路

图 6-4（c）所示为三级调压回路，三级压力分别由溢流阀 1、2、3 调定，当电磁铁 1YA、2YA 失电时，系统压力由主溢流阀调定。当 1YA 得电时，系统压力由阀 2 调定。当 2YA 得电时，系统压力由阀 3 调定。阀 2 和阀 3 的调定压力要低于主溢流阀的调定压力。

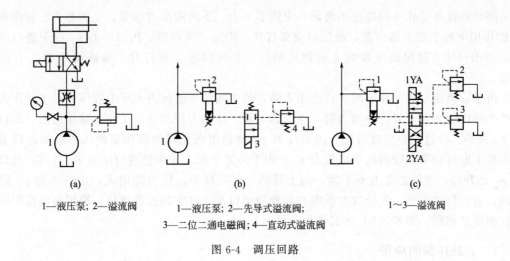

1—液压泵；2—溢流阀   1—液压泵；2—先导式溢流阀；   1～3—溢流阀

3—二位二通电磁阀；4—直动式溢流阀

图 6-4　调压回路

二、减压阀的识别与应用

（一）减压阀的结构与工作原理

减压阀是将阀的进口压力油流经缝隙时产生压力损失，使出口压力低于进口压力，并保持压力稳定的一种压力控制阀，又叫定值输出减压阀。减压阀有直动式和先导式两种，直动式减压阀较少单独使用，先导式减压阀性能良好，最为常用。

图 6-5（a）为先导式减压阀的结构原理。该阀由先导阀和主阀两部分组成，P_1、P_2 分别为进、出油口，当压力为 p_1 的油液从 P_1 口进入，经减压口并从出油口流出，其压力为 p_2，出口的压力油经阀体 6 和端盖 8 的流道作用于主阀芯 7 的底部，经阻尼孔 9 进入主阀弹簧腔，并经流道 a 作用在先导阀的阀芯 3 上，当出口压力低于调压弹簧 2 的调定值时，先导阀

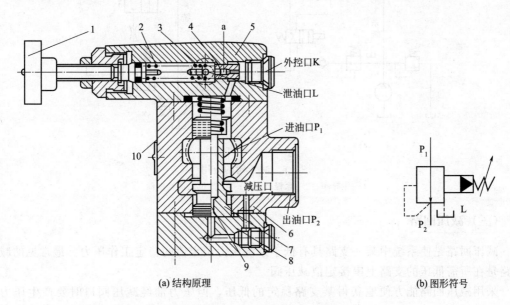

(a) 结构原理   (b) 图形符号

图 6-5　主阀为滑阀的先导式减压阀

1—调压手轮；2—调压弹簧；3—先导阀芯；4—先导阀座；5—阀盖；
6—阀体；7—主阀芯；8—端盖；9—阻尼孔；10—复位弹簧；a—流道

口关闭，通过阻尼孔 9 的油液不流动，主阀芯 7 上、下两腔压力相等，主阀芯 7 在复位弹簧 10 的作用下处于最下端位置，减压口全部打开，不起减压作用，出口压力 p_2 等于进口压力 p_1；当出口压力超过调压弹簧 2 的调定值时，先导阀芯 3 被打开，油液经泄油口 L 流回油箱。

由于油液流经阻尼孔 9 时，产生压力降，使主阀芯下腔压力大于上腔压力，当此压力差所产生的作用力大于复位弹簧力时，主阀芯上移，作用力使减压口关小，减压增强，出口压力 p_2 减小。经过一个过渡过程，出口压力 p_2 便稳定在先导阀所调定的压力值上。调节调压手轮 1 即可调节减压阀的出口压力 p_2。由于外界干扰，如果使进口压力 p_1 升高，出口压力 p_2 也升高，主阀芯受力不平衡，向上移动，阀口减小，压力降增大，出口压力 p_2 降低至调定值，反之亦然。先导式减压阀有远程控制口 K，可实现远程调压，原理与溢流阀的远程控制原理相同。图 6-5(b) 为其图形符号。

（二）减压阀的应用

1. 减压稳压

在液压系统中，当几个执行元件采用一个油泵供油时，而且各执行元件所需的工作压力不尽相同时，可在支路中串接一个减压阀，就可获得较低而稳定的工作压力。图 6-6(a) 为减压阀用于夹紧油路的工作原理。

2. 多级减压

利用先导式减压阀的远程控制口 K 处接直动式溢流阀，可实现二级减压。图 6-6(b) 为二级减压回路，泵的出口压力由溢流阀调定，远程调压阀 2 通过二位二通换向阀 3 控制，才能获得二级压力，但必须满足阀 2 的调定压力小于先导阀 1 的调定压力，否则不起作用。

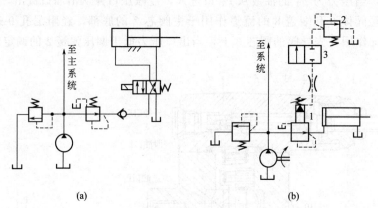

(a)　　　　　　　　　　　　(b)

图 6-6　减压阀的应用

1—先导阀；2—远程调压阀；3—二位二通换向阀

（三）减压回路

减压回路是使系统中某一支路具有低于系统压力调定值的稳定工作压力。最常见的减压回路是在所需低压的支路上串接定值减压阀。

采用减压回路能方便地获得某支路稳定的低压，但压力油经减压阀口时要产生压力损失。为使减压回路稳定工作，减压阀的最低调整压力应不小于 0.5MPa，最高调整压力至少比系统压力小 0.5MPa。

如图 6-7 所示为减压回路。回路中的单向阀用于主油路压力降低（低于减压阀调整压

力）时防止油液倒流，起短时保压作用。如图 6-6
（b）所示，减压回路中也可以采用类似两级或多
级调压的方法获得两级或多级减压。

三、顺序阀与压力继电器的识别与应用

（一）顺序阀的结构与工作原理

顺序阀是利用系统中油液压力的变化来控制
阀口的启闭，从而控制液压系统中多个执行元件
的顺序动作。按照结构的不同，顺序阀可分为直
动式和先导式两类；按控制方式的不同，又可分
内控式和外控式两种。

图 6-8（a）为直动式顺序阀的结构原理。P_1
为进油口，P_2 为出油口，当压力油由 P_1 流入，
经阀体4、底盖7的通道，作用到控制活塞6的底

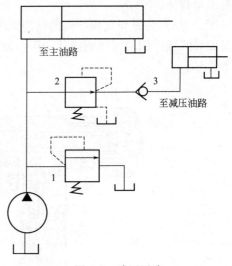

图 6-7　减压回路

部，使阀芯5受到一个向上的作用力。当进油压力 p_1 低于调压弹簧2的调定压力时，阀芯
5在弹簧2的作用下处于下端位置，进油口 P_1 和出油口 P_2 不通；当进口油压增大，大于弹
簧2的调定压力时，阀芯5上移，进口 P_1 和出口 P_2 连通，油液从顺序阀流过。顺序阀的开
启压力可由调压弹簧2调节。在阀中设置控制活塞，活塞面积小，可减小调压弹簧的刚度。

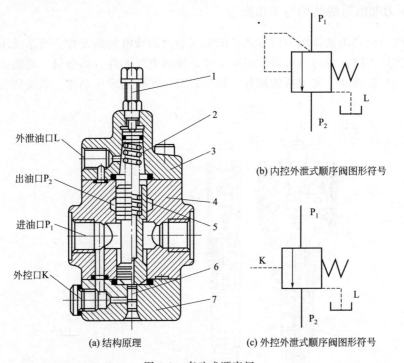

图 6-8　直动式顺序阀

1—调节螺钉；2—调压弹簧；3—端盖；4—阀体；5—阀芯；6—控制活塞；7—底盖

图 6-8（a）中控制油液直接来自进油口，这种控制方式称为内控式；若将底盖旋转 90°
安装，并将外控口 K 打开，可得到外控式。外泄油口 L 单独接回油箱，这种形式称为外泄；
当阀出油口 P_2 接油箱，还可经内部通道接油箱，这种泄油方式称为内泄。图 6-8（b）、（c），

为其图形符号。

图 6-9(a) 为先导式顺序阀的结构原理图。其工作原理和先导式溢流阀的相似，所不同的是先导式顺序阀的出口通向某一压力油路，其泄漏口 L 必须单独接油箱。图 6-9(b) 为其图形符号。

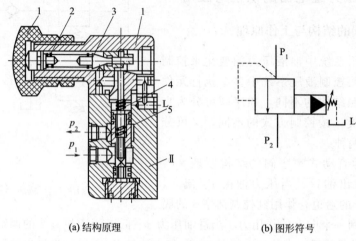

(a) 结构原理　　　　　　　　　　(b) 图形符号

图 6-9　先导式顺序阀

1—调节螺母；2—调压弹簧；3—锥阀；4—主阀弹簧；5—主阀芯

（二）压力继电器的结构与工作原理

压力继电器是利用液体压力信号来启闭电气触点的液电转换元件。当系统压力达到压力继电器的调定压力时，压力继电器发出电信号，控制电气元件（如电机、电磁铁、电磁离合器、继电器等）的动作，实现泵的加载、卸荷，执行元件的顺序动作、系统的安全保护和联锁等。

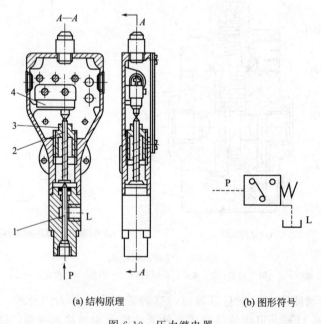

(a) 结构原理　　　　　　　　　　(b) 图形符号

图 6-10　压力继电器

1—柱塞；2—顶杆；3—调节螺钉；4—微动开关

压力继电器按结构可分为柱塞式、弹簧管式、膜片式和波纹管式四种类型。其中柱塞式的最为常用。图 6-10（a）为柱塞式压力继电器的结构原理。当从压力继电器下端进油口 P 进入的油液压力达到弹簧的调定值时，作用在柱塞 1 上的液压力推动柱塞上移，使微动开关 4 切换，发出电信号。图中 L 为泄油口，调节螺钉 3 即可调节弹簧力的大小。图 6-10（b）为其图形符号。

（三）顺序阀与压力继电器的应用

1. 实现多缸顺序动作

如图 6-11 所示，当换向阀 5 电磁铁通电时，单向顺序阀 3 的调定压力大于缸 2 的最高工作压力，液压泵 7 的油液先进入缸 2 的无杆腔，实现动作①，动作①结束后，系统压力升高，达到单向顺序阀 3 的调定压力，打开阀 3 进入缸 1 的无杆腔，实现动作②。同理，当阀 5 的电磁铁失电后，且阀 4 的调定压力大于缸 1 返回最大工作压力时，先实现动作③后实现动作④。

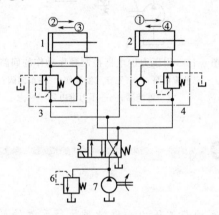

图 6-11　顺序动作回路

1,2—液压缸；3,4—单向顺序阀；
5—二位四通换向阀；6—溢流阀；7—定量液压泵

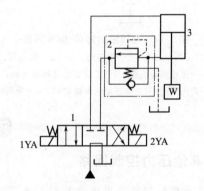

图 6-12　平衡回路

1—三位四通电磁换向阀；2—单向顺序阀；
3—液压缸

2. 立式液压缸的平衡

如图 6-12 所示，调节顺序阀 2 的压力，可使液压缸下腔产生背压，平衡活塞及重物的自重，防止重物因自重产生超速下降。

3. 双泵供油的卸荷

图 6-13 为双泵供油的液压系统，泵 1 为低压大流量泵，泵 2 为高压小流量泵，当执行元件快速运动时，两泵同时供油。当执行元件慢速运动时，油路压力升高，外控顺序阀 3 被打开，泵 1 卸荷，泵 2 供油，满足系统需求。

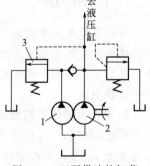

图 6-13　双泵供油的卸荷

1—低压大流量泵；2—高压小流量泵；3—外控顺序阀

4. 用压力继电器实现液压泵的卸荷-保压

图 6-14 为压力继电器使泵卸荷-保压的回路。

当电磁换向阀 7 左位工作时，泵向蓄能器 6 和缸 8 无杆腔供油，推动活塞向右运动并夹紧工件；当供油压力升高，并达到继电器 3 的调整压力时，发出电信号，指令二位二通电磁阀 5 通电，使泵卸荷，单向阀 2 关闭，液压缸 8 可由蓄能器 6 保压。当液压缸 8 的压力下降时，压力继电器复位，二位二通电磁阀 5 断电，泵重新向系统供油。

5. 用压力继电器实现顺序动作

图 6-15 为用压力继电器实现顺序动作的回路。当支路工作中，油液压力达到压力继电器的调定值时，压力继电器发出电信号，使主油路工作，当主油路压力低于支路压力时，单向阀 3 关闭，支路由蓄能器保压并补偿泄漏。

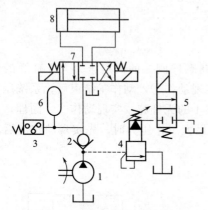

图 6-14　液压泵的卸荷-保压回路

1—定量液压泵；2—单向阀；3—压力继电器；

4—先导式溢流阀；5—二位二通电磁换向阀；

6—蓄能器；7—三位四通电磁换向阀；8—液压缸

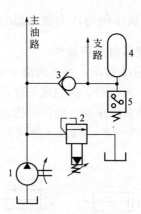

图 6-15　用压力继电器控制顺序动作的回路

1—定量液压泵；2—先导式溢流阀；3—单向阀；

4—蓄能器；5—压力继电器

一、其他压力控制回路

压力控制回路是用压力控制阀来调定系统或局部油路的压力，以满足执行元件的要求。压力控制回路除上述调压、减压回路外，液压系统中还常用增压、卸荷、保压与平衡等各种回路。

（一）增压回路

增压回路是用来使系统的某一支路获得较系统压力高但流量不大的油液供应。

增压回路的油液压力放大元件是增压器，其增压比取决于大小活塞的面积之比。增压回路，可以采用压力较低的液压泵，获得压力较高的液压油。节省能源，且系统工作可靠、噪声相对较小。

1. 单作用增压缸的增压回路

如图 6-16(a) 所示为利用增压缸的单作用增压回路，当系统在图示位置工作时，系统的供油压力 p_1 进入增压缸的大活塞腔，此时在小活塞腔即可得到所需的较高压力 p_2；当二位四通电磁换向阀右位接入系统时，增压缸返回，辅助油箱中的油液经单向阀补入小活塞。该回路只能间歇增压，所以称之为单作用增压回路。

2. 双作用增压缸的增压回路

如图 6-16(b) 所示为采用双作用增压缸的增压回路，能连续输出高压油，在图示位置，液压泵输出的压力油经换向阀 5 和单向阀 1 进入增压缸左端大、小活塞腔，右端大活塞腔的回油通油箱，右端小活塞腔增压后的高压油经单向阀 4 输出。反之，左端小活塞腔输出的高压油经单向阀3输出。这样增压缸的活塞不断往复运动，两端便交替输出高压油，从而实现了连续增压。

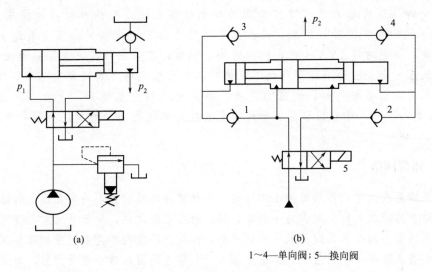

1～4—单向阀；5—换向阀

图 6-16　增压回路

（二）保压回路

保压回路是使液压缸在一定的行程位置上停止工作或在有微小位移的工况下保持系统压力基本不变。常用的保压回路有以下几种。

1. 利用液压泵的保压回路

利用定量泵保压时，压力油几乎全经溢流阀流回油箱，系统功率损失大，易发热，故只用在小功率的系统且保压时间较短的场合；采用变量泵保压时，泵的压力较高，但输出流量几乎等于零，液压系统的功率损失小，效率较高，得到广泛应用。

2. 利用蓄能器的保压回路

如图 6-17（a）所示的回路，当三位四通电磁换向阀在左位工作时，液压缸向前运动且压紧工件，进油压力升高至压力继电器调定值时，压力继电器发出信号使二通阀通电，泵卸

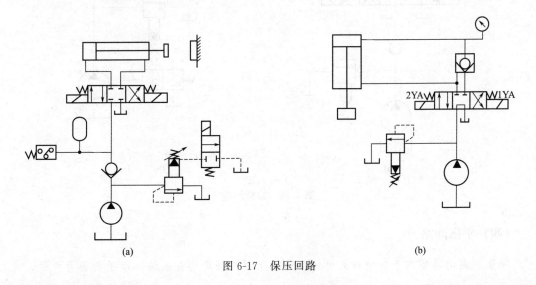

图 6-17　保压回路

荷，液压缸则由蓄能器保压。当液压缸压力不足时，压力继电器复位，泵重新工作。

3. 利用液控单向阀的保压回路

如图 6-17（b）所示为采用液控单向阀和电接触式压力表的自动补油保压回路，当 1YA 得电，换向阀右位接入回路，液压缸上腔压力上升至电接触式压力表的上限值时，上触点接电，使电磁铁 1YA 失电，换向阀处于中位，液压泵卸荷，液压缸由液控单向阀保压。当液压缸上腔压力下降到预定下限值时，电接触式压力表又发出信号，使 1YA 得电，液压泵再次向系统供油，使压力上升。当压力达到上限值时，上触点又发出信号，使 1YA 失电。因此，这一回路能自动地使液压缸补充压力油，使其压力能长期保持在一定范围内。

（三）卸荷回路

卸荷回路是在执行元件短时间不工作时，不频繁启动动力源，使泵在很小的输出功率下运转的回路。卸荷的目的是减少功率损耗，降低液压系统发热，延长液压泵的使用寿命。

液压泵的输出功率为其流量和压力的乘积，因此液压泵的卸荷有流量卸荷和压力卸荷两种。流量卸荷主要是使用变量泵，使变量泵仅为补偿泄漏而以最小流量运转，此方法比较简单，但泵仍处在高压状态下运行，磨损比较严重。压力卸荷的方法是泵出口直接接油箱，使泵在接近零压下运转。常用的卸荷方法有利用三位换向阀的中位机能卸荷、溢流阀的远程控制口卸荷、顺序阀卸荷和变量泵卸荷。

1. 换向阀卸荷回路

M 型和 H 型中位机能的三位换向阀处于中位时，泵即卸荷，如图 6-18（a）所示为采用 M 型中位机能的电液换向阀的卸荷回路，这种回路切换时压力冲击小，但回路中必须设置单向阀，以使系统能保持 0.3MPa 左右的压力，供操纵控制油路之用。

2. 用先导式溢流阀的远程控制口卸荷

图 6-18（b）中，先导式溢流阀的远程控制口直接与二位二通电磁阀相连，便构成一种用先导式溢流阀的卸荷回路，这种卸荷回路卸荷压力小，切换时冲击也小。

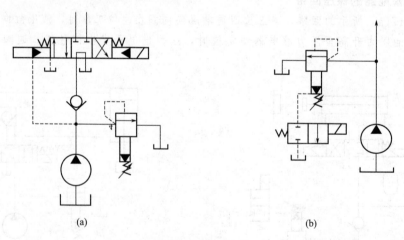

(a)　　　　　　　　　　　　(b)

图 6-18　卸荷回路

（四）平衡回路

平衡回路的功用在于使执行元件的回油路上保持一定的背压值，以平衡重力负载，使之不会因自重而自行下落。

常用的平衡回路有采用单向顺序阀的平衡回路和采用液控单向顺序阀的平衡回路。

1. 采用顺序阀的平衡回路

图 6-19（a）所示为采用单向顺序阀的平衡回路，当左位电磁铁得电后活塞下行时，回油路上就存在着一定的背压；调整顺序阀的开启压力，使其与液压缸下腔面积乘积稍大于工作部件自重，活塞就可以平稳地下落。当换向阀处于中位时，活塞就停止运动，不再继续下移。这种回路当活塞向下快速运动时功率损失大，锁住时活塞和与之相连的工作部件会因单向顺序阀和换向阀的泄漏而缓慢下落，因此它只适用于工作部件重量不大、活塞锁住时定位要求不高的场合。

2. 采用远控平衡阀的平衡回路

图 6-19（b）为采用远控平衡阀的平衡回路。这种远控平衡阀是一种特殊阀口结构的外控顺序阀，有很好的密封性，能起到对活塞长时间的锁闭定位作用，且阀口开口大小能自动适应不同载荷对背压压力的要求，保证活塞下降速度的稳定性不受载荷变化影响。这种阀又称为限速锁。

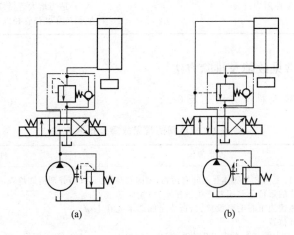

(a)   (b)

图 6-19　平衡回路

二、压力控制阀常见故障及排除方法

（一）溢流阀的常见故障及排除方法

溢流阀的常见故障及排除方法见表 6-1。

表 6-1　溢流阀的常见故障及排除方法

故障现象	产生原因	排除方法
无压力	(1)主阀芯阻尼孔堵塞 (2)主阀芯在开启位置卡死 (3)主阀平衡弹簧折断或弯曲使主阀芯不能复位 (4)调压弹簧未装 (5)锥阀未装或钢球破损 (6)先导阀阀座破碎 (7)远程控制口通油箱	(1)清洗阻尼孔,过滤或换油 (2)检修,重新装配,过滤或换油 (3)更换弹簧 (4)更换或补装弹簧 (5)补装或更换 (6)更换阀座 (7)检查远程控制口状态,排除故障根源

故障现象	产生原因	排除方法
压力波动大	(1)液压泵流量脉动太大使溢流阀无法平衡 (2)主阀芯动作不灵活,有时有卡住现象 (3)主阀芯和先导阀阀座阻尼孔时堵时通 (4)阻尼孔太大,消振效果差 (5)调压手轮未锁紧	(1)修复液压泵 (2)修换零件,重新装配,过滤或换油 (3)清洗阻尼孔,过滤或换油 (4)更换阀芯 (5)调压后锁紧调压手轮
振动和噪声大	(1)主阀芯在工作时径向力不平衡,导致溢流阀性能不稳定 (2)锥阀和阀座接触不好,圆度误差太大,导致锥阀受力不平衡,引起锥阀振动 (3)调压弹簧弯曲导致锥阀受力不平衡,引起锥阀振动 (4)系统内存在空气 (5)通过流量超过公称流量,在溢流阀口处引起空穴现象 (6)通过溢流阀的溢流量太小,使溢流阀处于启闭临界状态而引起液压冲击 (7)回油管路阻力过高	(1)检查阀体孔和主阀芯的精度,修换零件,过滤或换油 (2)封油面圆度误差控制在0.005~0.01mm (3)更换弹簧 (4)排除空气 (5)流量限制在公称流量范围以内 (6)控制正常工作的最小溢流量 (7)适当增大管径,减少弯头,回油管口离油箱底面应在2倍管径以上

(二) 减压阀的常见故障及排除方法

减压阀的常见故障及排除方法见表6-2。

表6-2 减压阀的常见故障及排除方法

故障现象	产生原因	排除方法
不起减压作用,出油口压力几乎等于进油口压力	(1)主阀芯与阀体孔之间有污物,主阀芯与阀体孔的形位公差超差产生液压卡紧;主阀芯或阀体棱边上有毛刺没去,造成主阀芯卡死在全开位置 (2)主阀芯表面或阀孔拉毛、配合间隙过小 (3)主阀芯短,阻尼孔堵塞 (4)泄油孔抽塞未拧紧 (5)拆修后顶盖方向装错,使输出油孔与泄油孔打通	(1)分别拆卸检查清洗,修复达到精度,丢毛刺 (2)研磨阀孔,再配阀芯;配合间隙一般为0.007~0.015mm (3)清洗,并用钢丝通孔或用压缩空气吹通 (4)应拧出泄油塞,使该孔与油箱接通,并保持泄油管畅通 (5)检查调整
输出压力达不到调定压力	(1)先导锥阀与阀座密封不良 (2)调压弹簧疲劳变软或折断 (3)主阀和先导阀结合面之间漏油 (4)调压手轮螺纹拉伤,不能调压	(1)更换或研配 (2)更换弹簧 (3)检查O形密封圈,若失效应更换,拧紧螺钉 (4)更换调压手轮
不稳定,有时噪声大	(1)先导阀与阀座配合不好,或有污物或损伤造成密封不良 (2)调压弹簧失效,造成锥阀时开时闭、振荡 (3)泄油口或泄油管时堵时通 (4)主阀芯阻尼孔时堵时通 (5)主阀芯弹簧变形或失效,使主阀芯失去移动调节作用 (6)主阀芯与阀孔的圆度超过规定 (7)油液中混入空气	(1)研磨修配或更换 (2)更换 (3)检查清洗 (4)检查疏通阻尼孔,换油 (5)更换主阀芯弹簧 (6)研磨修配阀孔,修配滑阀 (7)采取措施排除空气

（三）顺序阀的常见故障及排除方法

顺序阀的常见故障及排除方法见表6-3。

表6-3　顺序阀的常见故障及排除方法

故障现象	产生原因	排除方法
进出油口压力同时上升或下降	（1）阀芯内的阻尼孔堵塞，使控制活塞的泄漏油无法进入调压弹簧腔，流回油箱，时间一长，进油腔压力通过泄漏油传入阀的下腔，并作用在阀芯下端面上，使阀芯处于全开位置，变成常开阀，则进、出口压力必然同时上升或下降 （2）阀芯全开后被卡住，也会变成常开阀	（1）拆卸清洗阻尼孔 （2）检查清洗异物
出油腔无油输出	（1）泄油口安装成内部回油形式，使调压弹簧腔的油压等于出油腔的油压。因阀芯上端面积大于控制活塞端面积，则阀芯在油压作用下处于常闭状态，或者阀芯在阀口关闭位置卡住，均会出现油腔无流量现象 （2）端盖上的阻尼小孔堵塞，控制油不能进入控制活塞腔，阀芯在调压弹簧作用下使阀口关闭，则出油口也没有流量	（1）检查泄油口是否装成内泄式，并要改装。清洗脏物防卡住 （2）检查清洗

（四）压力继电器的常见故障及排除方法

压力继电器的常见故障及排除方法见表6-4。

表6-4　压力继电器的常见故障及排除方法

故障现象	产生原因	排除方法
动作不灵敏	（1）弹簧永久变形 （2）滑阀在阀孔中移动不灵活 （3）薄膜片在阀孔 （4）钢球不正圆 （5）行程开关不发信号	（1）更换弹簧 （2）清洗或研磨滑阀 （3）更换薄膜片 （4）更换钢球 （5）检修或更换行程开关
不发信号与误发信号	（1）压力继电器安装位置错误，如回油路节流调速回路中压力继电器只能装在回油路上 （2）返回区间调节太小 （3）系统压力未上升或下降到压力继电器的设定压力 （4）压力继电器的泄油管路不畅通 （5）微动开关不灵敏，复位性能差 （6）微动开关定位不装牢或未压紧 （7）微动开关的触头与杠杆之间的空行程过大或过小时，易发误动作信号 （8）薄膜式压力继电器的橡胶隔膜破裂 （9）柱塞卡死	（1）回油路节流调速回路中，压力继电器只能装在进油路上 （2）正确调节返回区间 （3）检查系统压力不上升或下降的原因，予以排除 （4）疏通压力继电器的泄油管路 （5）更换橡胶隔膜 （6）装牢微动开关定位 （7）正确调整微动开关的触头与杠杆之间的空行程 （8）更换橡胶隔膜 （9）使柱塞运动灵活

<hr>

任务实施

为实现本项目的项目目标，请教师按照学习性工作任务单要求，依据任务实施过程分组组织任务实施，完成工作任务内容，并组织学生按要求完成任务实施记录。学习性工作任务单见表6-5。

表 6-5 学习性工作任务单

项目名称	压力控制阀的识别与压力控制回路分析	地点：实训室
专业班级：		学时：8 学时

第___组，组长： 成员：

一、工作任务内容

1. 拆装溢流阀，掌握溢流阀的工作原理、结构特点及应用范围。

2. 拆装减压阀，掌握减压阀的工作原理、结构特点及应用范围。

3. 拆装顺序阀，掌握顺序阀的工作原理、结构特点及应用范围。

4. 设计调压、减压、顺序动作回路，并在实验台上安装调试与运行。

二、课前预习准备

参考教材《液压与气压控制（项目化教程）》和活页资料中的相关内容。

三、有关通知事宜

1. 提前 10 分钟到达学习地点，熟悉环境，不得无故迟到和缺勤。

2. 带好参考书、讲义和笔记本等。

3. 班组长协助教师承担本班组的安全责任。

四、任务实施记录

（一）压力控制阀拆装

1. 将溢流阀、减压阀和顺序阀拆卸后的图片粘贴在此处，按照拆卸顺序标出序号并写出零件名称。

2. 回答问题。

（1）分别画出溢流阀、减压阀和顺序阀的图形符号。

（2）溢流阀、减压阀和顺序阀相比，结构上有何区别？工作原理上有何区别？

（3）画出溢流阀、减压阀和顺序阀的应用的基本回路图。

（二）压力控制回路设计与安装调试

1. 设计能够实现调压、减压和顺序动作等功能的压力控制回路，画出液压回路图。

2. 在实验台上进行安装调试，分析液压回路的工作过程。

小组得分：	指导教师签字：

巩固练习

一、填空题

1 压力控制阀按结构不同分为_____、_____、_____、_____四类。

2. 溢流阀控制的是_____压力，做调压阀时阀口处于_____状态，做安全阀时阀口处于_____状态，先导阀弹簧腔的泄漏油与阀的出口相通。定值减压阀控制的是_____压力，阀口处于_____状态，先导阀弹簧腔的泄漏油必须_____。

3. 顺序阀在系统中作卸荷阀用时，应选用_____型，作背压阀时，应选用_____型。

4. 在减压回路中，减压阀调定压力为 p_j，溢流阀调定压力为 p_y，主油路暂不工作，二次回路的负载压力为 p_L。若 $p_y > p_j > p_L$，减压阀阀口状态为_____；若 $p_y > p_L > p_j$，减压阀阀口状态为_____。

5. 直动式溢流阀是利用阀芯上端的_____力直接与下端面的_____相平衡来控制溢流压力的，一般直动式溢流阀只用于_____系统。

二、选择题

1. 顺序阀是（　　）控制阀。

A. 流量　　　　　　B. 压力　　　　　　C. 方向

2. 减压阀控制的是（　　）处的压力。

A. 进油口   B. 出油口   C. A 和 B 都不是

3. 在液压系统中，（   ）可作背压阀。

A. 溢流阀   B. 减压阀   C. 液控顺序阀

4. 为使减压回路可靠地工作，其最高调整压力应（   ）系统压力。

A. 大于   B. 小于   C. 等于

5. 压力继电器是（   ）控制阀。

A. 流量   B. 压力   C. 方向

三、判断题

1. 当溢流阀的远控口通油箱时，液压系统卸荷。   （   ）

2. 背压阀的作用是使液压缸的回油腔具有一定的压力，保证运动部件工作平稳。

      （   ）

3. 当液控顺序阀的出油口与油箱连接时，称为卸荷阀。   （   ）

4. 顺序阀可用作溢流阀用。   （   ）

5. 外控式顺序阀阀芯的启闭是利用进油口压力来控制的。   （   ）

四、简答题

1. 常用的压力控制阀有哪些类型？

2. 溢流阀在液压系统中有何功用？

3. 试比较先导型溢流阀和先导型减压阀的异同点。

五、分析计算题

1. 如题图 6-1 所示，溢流阀 1 的调定压力为 5MPa，溢流阀 2 的调定压力为 3MPa，溢流阀 3 的调定压力为 2MPa，计算液压泵出口的压力。

2. 如题图 6-2 所示回路中，溢流阀的调整压力为 4MPa，减压阀的调整压力为 2MPa，试分析下列情况，并说明减压阀阀口处于什么状态？

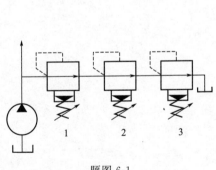
题图 6-1

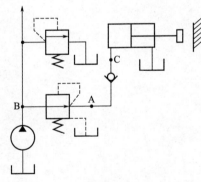
题图 6-2

（1）当泵压力等于溢流阀调定压力时，夹紧缸使工件夹紧后，A、C 点的压力各为多少？

（2）当泵压力由于工作缸快进压力降到 1.5MPa 时（工件原先处于夹紧状态）A、C 点的压力多少？

（3）夹紧缸在夹紧工件前作空载运动时，A、B、C 三点的压力各为多少？

3. 如题图 6-3 所示，两液压缸有效面积为 $A_1 = A_2 = 80 \times 10^{-4} \, \text{m}^2$，缸 I 的负载 $F_1 = 4 \times 10^4 \, \text{N}$，缸 II 运动时的负载为零，不计摩擦阻力、惯性力和阻力损失。溢流阀、顺序阀和减压阀的调整压力分别为 6MPa、4MPa、3MPa。求下列三种情况 A、B、C 三点的压力。

（1）液压泵启动后，两换向阀处于中位。

（2）1YA 通电，液压缸 Ⅰ 活塞移动时及运动到终点时。

（3）1YA 断电、2YA 通电，液压缸 Ⅱ 活塞运动时及活塞碰到固定挡铁时。

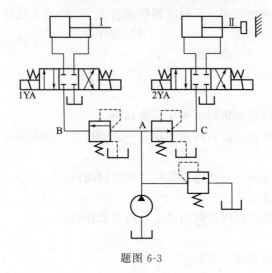

题图 6-3

项目七　流量控制阀的识别与应用

【项目描述】

流量控制阀是通过改变阀口通流面积大小或通流通道长短来调节通过阀的流量，从而控制液压执行元件运动速度的控制阀。本项目通过对流量控制阀类型、结构特点、工作原理、图形符号和应用场合等介绍，使学生能合理选用流量控制阀设计常用调速回路，并能对常用速度控制回路进行组装与调试。

【项目目标】

知识目标：

① 了解流量控制阀的分类；

② 掌握节流阀的结构特点、工作原理、图形符号及使用场合；

③ 掌握调速阀的结构特点、工作原理、图形符号及使用场合；

④ 了解液压传动系统对流量控制阀的要求；

⑤ 了解流量控制阀常见的故障及排除方法。

能力目标：

① 能正确选用流量控制阀；

② 能正确拆装、分析流量控制阀；

③ 能合理设计速度控制回路；

④ 会进行速度控制回路的组装与调试。

【相关知识】

一、流量控制阀的分类

液压系统中执行元件运动速度的大小，是由输入执行元件的油液流量的多少决定的，而液压系统中控制油液流量的元件就是流量控制阀。流量控制阀是通过改变阀口通流面积的大小或通流通道的长短来控制通过阀的流量，从而达到控制和调节执行元件运动速度的目的。

常用的流量控制阀有普通节流阀、调速阀（压力补偿和温度补偿）、溢流节流阀和分流集流阀等。重点讲述节流阀和调速阀。

二、节流孔形式与流量特性

（一）节流口形式

起节流作用的阀口称为节流口，节流口的大小用通流面积来衡量。

节流阀节流口通常有三种基本形式：薄壁小孔（$l/d \leqslant 0.5$）；细长小孔（$l/d > 4$）；短孔（$0.5 < l/d \leqslant 4$）。

（二）流量控制的基本原理

无论节流口采用何种形式，通过节流口的流量 q 及其前后压力差 Δp 的关系均可用节流口的流量特性方程来表示

$$q = KA(\Delta p)^m \tag{7-1}$$

式中　A——节流口的通流面积；

$\quad\quad\Delta p$——节流口前后压差；

$\quad\quad m$——由节流口形状决定的指数，$0.5 \leqslant m \leqslant 1$（薄壁孔口 $m=0.5$，细长孔口 $m=1$，短孔 $m=0.5 \sim 1$）；

$\quad\quad K$——节流系数。由节流口形状、油液流动状态和油液黏度决定，具体数据由实验给出。

由式(7-1)可知，在一定压差 Δp 下，改变阀芯开口就可改变阀的通流面积，从而改变通过阀的流量 q。

（三）影响流量稳定性的因素

当流量控制阀的通流面积 A 一定的条件下，以下因素也会影响流量的稳定性。

（1）节流口的形状　图 7-1 所示为几种常用的节流口形式。图 7-1(a) 所示为针阀式节

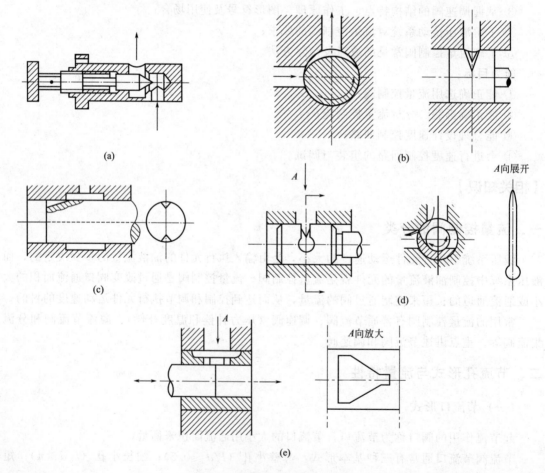

图 7-1　典型节流口的结构形式

流口，它通道长，湿周大，易堵塞，流量受油温影响较大，一般用于对性能要求不高的场合；图7-1（b）所示为偏心槽式节流口，其性能与针阀式节流口相同，但容易制造，其缺点是阀芯上的径向力不平衡，旋转阀芯时较费力，一般用于压力较低、流量较大和流量稳定性要求不高的场合；图7-1（c）所示为轴向三角槽式节流口，其结构简单，水力直径中等，可得到较小的稳定流量，且调节范围较大，但节流通道有一定的长度，油温变化对流量有一定的影响，目前被广泛应用；图7-1（d）所示为周向缝隙式节流口，沿阀芯周向开有一条宽度不等的狭槽，转动阀芯就可改变开口大小。阀口做成薄刃形，通道短，水力直径大，不易堵塞，油温变化对流量影响小，因此其性能接近于薄壁小孔，适用于低压小流量场合；图7-1（e）所示为轴向缝隙式节流口，在阀孔的衬套上加工出图示薄壁阀口，阀芯作轴向移动即可改变开口大小，其性能与图7-1（d）所示节流口相似。

（2）节流口前后压差的变化　由流量特性公式可知，由于液压缸的负载常发生变化，节流口前后的压差 Δp 为变值。在阀开口面积为一定值时，通过阀口的流量是变化的。

（3）油液的温度　油温影响到油液黏度，对于细长小孔，油温变化时，流量也会随之改变，对于薄壁小孔黏度对流量几乎没有影响，故为保证流量稳定，节流口的形式以薄壁小孔较为理想。

（4）最小稳定流量和流量阀调节范围　当节流口压差 Δp 一定，阀口面积调小到一定值时，流量会出现时断时续的现象，进一步调小阀口，这一影响更为突出，严重时会出现断流，这种现象称为节流阀的阻塞。因此节流口的抗堵塞性能也是影响流量稳定性的重要因素，尤其会影响流量阀的最小稳定流量。一般节流口通流面积越大，节流通道越短和水力直径越大；越不容易堵塞，当然油液的清洁度也对堵塞产生影响。一般流量控制阀的最小稳定流量为 0.05L/min。

三、流量控制阀

（一）普通节流阀

图7-2所示为一种普通节流阀的结构和图形符号。图7-2（a）中节流阀的节流通道呈轴向三角槽式。压力油从进油口 P_1 流入孔道 a 和阀芯 1 右端的三角槽进入孔道 b，再从出油

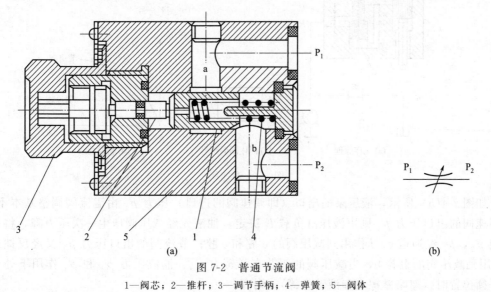

图 7-2　普通节流阀

1—阀芯；2—推杆；3—调节手柄；4—弹簧；5—阀体

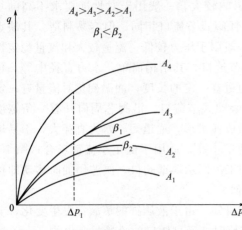

图 7-3 不同开口时节流阀的流量特性

口 P_2 流出。调节手柄 3，可通过推杆 2 使阀芯作轴向移动，以改变节流口的通流截面积来调节流量。阀芯在弹簧 4 的作用下始终贴紧在推杆上，节流阀的进出油口不可互换。

节流阀输出流量的平稳性与节流口的结构形式有关。节流口除轴向三角槽之外，还有偏心式、针阀式、周向缝隙式、轴向缝隙式等。节流阀的流量特性可用小孔流量通用公式 $q = KA(\Delta p)^m$ 来描述。由于液压缸的负载常发生变化，节流阀开口面积 A 一定时，通过阀口的流量 q 是变化的，执行元件的运动速度也就不平稳。节流阀流量 q 随其压差变化的曲线称为流量特性曲线，如图 7-3 所示。

节流阀结构简单，制造容易，体积小，使用方便，造价低。但负载和温度的变化对流量稳定性的影响较大，因此只适用于负载和温度变化不大或速度稳定性要求不高的液压系统。

（二）调速阀

调速阀是在节流阀前面串接一个定差减压阀组合而成。节流阀用来调节通过的流量，定差减压阀则自动补偿负载变化的影响，使节流阀前后的压差为定值，消除了负载变化对流量的影响。

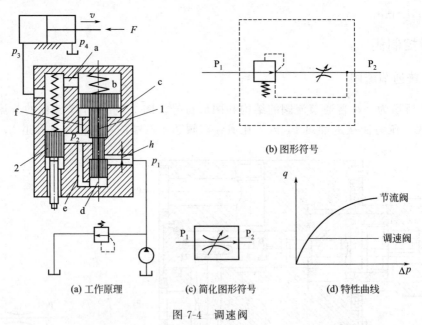

(a) 工作原理   (c) 简化图形符号   (d) 特性曲线

图 7-4　调速阀

如图 7-4(a) 所示，液压泵的出口（即调速阀的进口）压力 p_1 由溢流阀调整基本不变，而调速阀的出口压力 p_3 则由液压缸负载 F 决定。油液先经减压阀产生一次压力降，将压力降到 p_2，p_2 经通道 e、f 作用到减压阀的 d 腔和 c 腔；节流阀的出口压力 p_3 又经反馈通道 a 作用到减压阀的上腔 b，当减压阀的阀芯在弹簧力 F_s、油液压力 p_2 和 p_3 作用下处于某一平衡位置时（忽略摩擦力和液动力等），则有：

$$p_2A_1 + p_2A_2 = p_3A + F_s \tag{7-2}$$

式中，A、A_1 和 A_2 分别为 b 腔、c 腔和 d 腔内压力油作用于阀芯的有效面积，且 $A = A_1 + A_2$。故

$$p_2 - p_3 = \Delta p = F_s/A \tag{7-3}$$

因为减压阀弹簧刚度较低，且工作过程中减压阀阀芯位移很小，可以认为 F_s 基本保持不变。故节流阀两端压力差 $p_2 - p_3$ 也基本保持不变，因此当节流阀通流面积 A 不变时，通过它的流量 $q = KA(\Delta p)^m$ 为定值。也就是说，无论负载如何变化，只要节流阀通流面积不变，液压缸的速度就会保持恒定值。例如，当负载增加，使 p_3 增大的瞬间，减压阀上腔推力增大，其阀芯下移，阀口开大，阀口液阻减小，使 p_2 也增大，p_3 与 p_2 的差值 $\Delta p = F_s/A$ 却不变。当负载减小使 p_3 减小时，减压阀芯上移 p_2 也减小，其差值也不变。因此调速阀适用于负载变化较大，速度平稳性要求较高的液压系统。例如，各类组合机床、车床、铣床等设备的液压系统常用调速阀调速。图 7-4(b)、(c) 为调速阀图形符号与简化图形符号。

当调速阀的出口堵住时，其节流阀两端压力相等，减压阀芯在弹簧力的作用下移至最下端，阀开口最大。因此，当将调速阀出口迅速打开时，因减压阀口来不及关小，不起减压作用，会使瞬时流量增加，使液压缸产生前冲现象。为此有的调速阀在减压阀体上装有能调节减压阀芯行程的限位器，以限制和减小启动时的冲击。

调速阀的流量特性曲线如图 7-4(d) 所示，当其前后压差大于最小值 Δp_{min} 时，调速阀流量保持稳定不变（特性曲线为一水平直线）。当其压差值小于最小值 Δp_{min} 时，由于减压阀未起作用，此时调速阀特性曲线与节流阀特性曲线重合。所以在设计液压系统时，分配给调速阀的压差要大于其最小压差值，调速阀的最小压差值约为 1MPa（中低压约为 0.5MPa）。

四、液压传动系统对流量控制阀的主要要求

(1) 有较大的流量调节范围，且流量调节要均匀。

(2) 当阀前、后压力差发生变化时，通过阀的流量变化要小，以保证负载运动的稳定。

(3) 油温变化对通过阀的流量影响要小。

(4) 液流通过全开阀时的压力损失要小。

(5) 当阀口关闭时，阀的泄漏量要小。

五、流量控制阀的应用

在定量泵供油的液压系统中，用流量阀（节流阀或调速阀）对执行元件的运动速度进行调节，这种回路称为节流调速回路。它的优点是结构简单，成本低，使用维护方便。缺点是有节流损失，且流量损失较大，发热多，效率低，故仅适用于小功率液压系统。

节流调速回路按流量阀的位置不同可分为进油路节流调速、回油路节流调速和旁油路节流调速回路三种。

(一) 进、回油路节流调速回路

如图 7-5 所示，在执行元件的进油路上串接一个流量阀，即构成进油路节流调速回路。如图 7-6 所示，在执行元件的回油路上串接一个流量阀，即构成回油路节流调速回路。在这两种回路中，定量泵的供油压力均由溢流阀调定。液压缸的速度靠调节流量阀开口的大小来

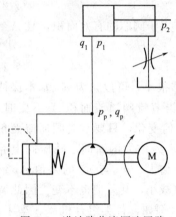

图 7-5　进油路节流调速回路

控制，泵多余的流量由溢流阀溢流回油箱。

1. 节流阀的进、回油节流调速回路

流量阀为节流阀时，上述两种节流调速回路的速度-负载特性曲线形状相同，速度-负载特性曲线反映了执行元件的速度随其负载而变化的关系。具体如图 7-7 所示，横坐标为液压缸的负载，纵坐标为液压缸或活塞的运动速度。第 1、2、3 条曲线分别为节流阀通流面积 A_{T1}、A_{T2}、A_{T3}（$A_{T1} > A_{T2} > A_{T3}$）时的速度-负载特性曲线。曲线越陡，说明负载变化对速度的影响越大，速度的刚性越差；曲线越平缓，速度刚性越好。分析上述特性曲线可知：

（1）当节流阀开口 A_T 一定时，缸的运动速度 v 随负载 F 的增加而降低，其特性较软。

（2）当节流阀开口 A_T 一定时，负载较小的区段曲线比较平缓，速度刚性好；负载较大的区段曲线较陡，速度刚性较差。

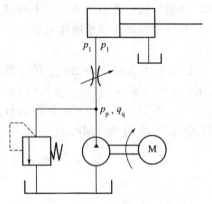

图 7-6　回油路节流调速回路

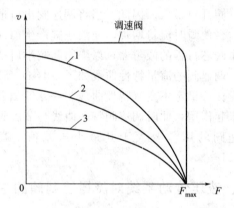

图 7-7　进、回油路节流调速的速度负载特性曲线

（3）在相同负载下工作时，节流阀开口较小缸的速度 v 较低时，曲线较平缓，速度刚性好；节流阀开口较大，缸的速度 v 较高时，曲线较陡，速度刚性较差。

（4）节流阀开口不同的各特性曲线相交于负载轴上的一点。说明液压缸速度不同，其能承受的最大负载 F_{max} 相同（它等于溢流阀的调节压力与液压缸有效工作面积的乘积），故其调速属于恒推力调速。

由以上分析可知，当流量阀为节流阀时，进、回油路节流调速回路用于低速、轻载，且负载变化较小的液压系统，能使执行元件获得平稳的运动速度。

2. 调速阀的进、回节流调速回路

流量控制阀采用调速阀时，由图 7-7 进、回油路节油调速回路的速度-负载特征曲线可看出，其速度刚性明显优于相应的节流阀调速回路。因此采用调速阀的进、回油节流调速回路可用于速度较高、负载较大，且负载变化较大的液压系统。但是这种回路的效率比采用节流阀时更低一些。有资料表明，当负载恒定或变化很小时，其效率为 0.2～0.6；当负载变化时，其最高效率为 0.385。

3. 进、回油路节流调速回路的不同点

（1）回油路节流调速回路，其流量阀能使液压缸的回油腔形成背压，使液压缸（或活塞）运动平稳且能承受一定的负值负载（负载方向与液压力方向相同的负载为负值负载）。

（2）进油路节流调速回路，流量阀前后有一定的压力差，当运动部件行至终点停止（例如碰到死挡铁）时，液压缸进油腔压力会升高，使流量阀前后压差减小。这样即可在流量阀和液压缸之间设置压力继电器，利用该压力变化发出电信号，对系统下一步动作实现控制。而在回油路节流调速回路中，液压缸进油腔的压力等于溢流阀的调定压力，没有上述压差即拉力变化，不易实现压力控制。

（3）采用单杆液压缸的液压系统，一般为无杆腔进压力油驱动工作负载，且要求有较低的速度。由于流量阀的最小稳定流量为定值，无杆腔有效工作面积较大，因此将流量阀设置在进油路上能获得更低的工作速度。

实际应用中，常采用进油路节流调速回路，并在其回油路上加背压阀，这种方式兼具了两种回路的优点。

（二）旁油路节油调速回路

如图 7-8（a）所示，将流量阀设置在与执行元件并联的旁油路上，即构成了旁油路节流调速回路。该回路采用定量泵供油，流量阀的出口接油箱，因而调节节流阀的开口就调节了液压泵流回油箱流量的多少，从而起到了溢流的作用，同时调节了执行元件的运动速度。这种回路不需要溢流阀"常开"溢流，因此其溢流阀实为安全阀，它在常态时关闭，过载时才打开。其调定压力为液压缸最大工作压力的 1.1～1.2 倍。液压泵出口的压力与液压缸的工作压力相等，直接随负载的变化而变化，不为定值。流量阀进、出油口的压差也等于液压缸进油腔的压力（流量阀出口压力可视为零）。

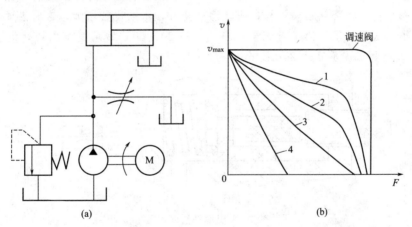

图 7-8　旁油路节流调速回路及其速度-负载特性

图 7-8（b）为旁油路节流调速回路的速度-负载特性曲线，分析特性曲线可知，该回路有以下特点：

（1）节流阀开口越大，进入液压缸中的流量越少，活塞运动速度则越低；反之，开口关小，其速度升高。

（2）当节流阀开口一定时，活塞运动的速度也随负载的增大而减小，而且其速度刚性比进、回油路节流调速回路更软。

（3）当节流阀开口一定时，负载较小的区段曲线较陡，速度刚性差；负载较大的区段曲线较平缓，速度刚性较好。

（4）在相同负载下工作时，节流阀开口较小，活塞运动速度较高时曲线较平缓，速度刚性好；开口较大，速度较低时，曲线较陡，速度刚性较差。

（5）节流阀开口不同的各特性曲线，在负载坐标轴上不相交，这说明它们的最大承载能力不同。速度高时承载能力较大，速度越低承载能力越小。

根据以上分析可知，采用节流阀的旁油路节流调速回路宜用于负载较大、速度较高，且速度的平稳性要求不高的中等功率液压系统。例如，牛头刨床的主传动系统等。

若采用调速阀代替节流阀，旁油路节流调速回路的速度刚性会有明显的提高，具体见图 7-8(b) 中的调速阀特性曲线。

旁油路节流调速回路有节流损失，但无溢流损失。发热较少，其效率比进、回油路节流调速回路高一些。

一、温度补偿调速阀

普通调速阀的流量虽然已能基本上不受外部负载变化的影响，但是当流量较小时，节流口的通流面积较小，这时节流口的长度与通流截面水力直径的比值相对增大，因而油液的黏度变化对流量的影响也增大，所以当油温升高后油液的黏度变小时，流量仍会增大，为了减小温度对流量的影响，可以采用温度补偿调速阀。

温度补偿调速阀的压力补偿原理部分与普通调速阀相同，据 $q=KA(\Delta p^m)$ 可知，当 Δp 不变时，由于黏度下降，K 值（$m\neq0.5$ 的孔口）上升，此时只有适当减小节流阀的开口面积，方能保证 q 不变。图 7-9 为温度补偿原理图，在节流阀阀芯和调节螺钉之间放置一个温度膨胀系数较大的聚氯乙烯推杆，当油温升高时，本来流量增加，这时温度补偿杆伸长使节流口变小，从而补偿了油温对流量的影响。在 20～60℃ 的温度范围内，流量的变化率超过 10%，最小稳定流量可达 20mL/min(3.3×10^{-7}m³/s)。

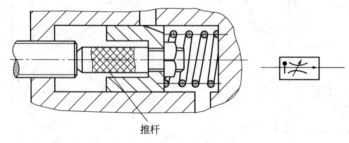

推杆

图 7-9　温度补偿原理图

二、容积调速回路

容积调速回路是通过改变液压泵或液压马达的排量来实现调速的。其主要优点是没有节流损失和溢流损失，因而效率高，油液温升小，适用于高速、大功率调速系统。缺点是变量泵和变量马达的结构较复杂，成本较高。

容积调速回路通常有三种基本形式：变量泵和定量液压执行元件组成的容积调速回路；定量泵和变量马达组成的容积调速回路；变量泵和变量马达组成的容积调速回路，容积调速回路还可按循环方式的不同，分为开式和闭式两种。在开式回路中，液压泵从油箱中吸油，执行元件的回油仍返回油箱。油液在油箱中能得到较好的冷却，且便于油液中杂质的沉淀和气体的逸出。但油箱尺寸较大，污物容易侵入。闭式回路中，液压泵的吸油口与执行元件的回油口直接连接，油液在封闭的油路系统内循环。其结构紧凑，运行平稳，空气和污染物不易入侵，噪声小，但其散热条件较差。为了补偿泄漏，以及补偿由执行元件进、回油腔面积不等所引起的流量之差，闭式回路中需要设置补油装置（例如顶置充液箱、辅助泵及与其配套的溢流阀、油箱等）。它们的组成及调速特性分析如下。

（一）变量泵-液压缸容积调速回路

图 7-10(a) 所示回路是由变量泵及液压缸组成的容积调速回路。改变变量泵 1 的排量，即可调节液压缸中活塞的运动速度。单向阀 2 的作用是当泵停止工作时，防止液压缸的油液向泵倒流和进入空气。安全阀 3 起过载保护作用，背压阀 6 可使液压缸运动平稳。

若液压泵的排量为 V_p，转速为 n_p，输出功率为 P_p，液压缸的有效工作面积为 A，活塞的速度为 v，则有

$$v = \frac{V_p n_p}{A} \tag{7-4}$$

$$P_p = p_p V_p n_p \tag{7-5}$$

由式(7-4) 可见，活塞的运动速度 v 与泵的排量 V_p 成正比，即改变变量泵的排量时活塞的速度即正比例增加或减低。由于液压泵的最高工作压力 p_p 由安全阀限定，泵的转速亦为定值，因而当不计回路损失时，液压缸的输出功率与泵的输出功率 P_p 相等。由式(7-5) 可知，液压缸的输出功率也与泵的排量 V_p 成正比。由于 P_p 为定值，因而在调速过程中液压缸的最大推力 F_{max} 为定值，回路的调速特性曲线如图 7-10(b) 所示。

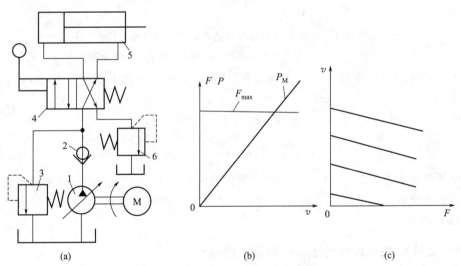

(a)　　　　　　　(b)　　　　　　　(c)

图 7-10　变量泵-液压缸容积调速回路

1—变量泵；2—单向阀；3—安全阀；4—换向阀；5—液压缸；6—背压阀

由于变量泵径向力不平衡，当负载增加压力升高时，其泄漏量也增加，活塞速度明显降低，因此活塞低速运动时其承载能力受到限制，速度负载特性曲线如图 7-10(c) 所示。

这种容积调速回路常用于插床、拉床、压力机、推土机、升降机等大功率液压系统中。

（二）变量泵-定量液压马达容积调速回路

图 7-11(a) 所示的闭式回路为由变量泵 2 及定量液压马达 4 等组成的容积调速回路。3 为安全阀起过载保护作用。辅助泵 1 与溢流阀 5 组成补油油路。它使主泵 2 进油口的油压为定值低压，以避免产生空穴并防止空气进入。辅助泵的流量约为主泵流量的 $10\% \sim 15\%$。

系统中有少量温度较高的回油可经溢流阀 5 返流回油箱冷却。

若液压马达的排量为 V_M，转速为 n_M，工作压力为 p_M，输出转矩为 T_M，输出功率为 P_M，若不考虑回路损失，则有

$$n_M = \frac{V_p n_p}{V_M} \tag{7-6}$$

$$P_M = P_p = p_p V_p n_p \tag{7-7}$$

由式(7-6) 可知，液压马达的输出转速 n_M 与变量泵的排量 V_p 成正比，调节 V_p 即调节马达的速度。由式(7-7) 可知，马达的输出功率 P_M 等于泵的输出功率 P_p，它也与变量泵的排量 V_p 成正比。

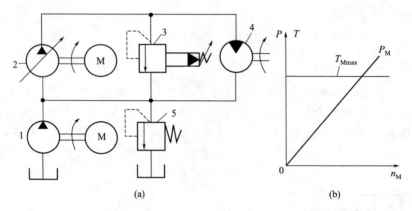

图 7-11　变量泵-定量液压马达容积调速回路及其特性
1—辅助泵；2—变量泵；3—安全阀；4—定量液压马达；5—溢流阀

若不计损失，液压马达的液压功率 $(p_M V_M n_M)$ 与其输出的机械功率 $(T_M \times 2\pi n_M)$ 相等，即

$$p_M V_M n_M = T_M \times 2\pi n_M$$

故

$$T_M = \frac{p_M V_M}{2\pi} \tag{7-8}$$

由于采用定量液压马达，V_M 为定值，而回路的工作压力 p_M 由安全阀限定不变，因此液压马达能输出的最大转矩 T_{Mmax} 为定值，故该回路为恒转矩调速。该回路的调速特性如图 7-11(b) 所示。

（三）定量泵-变量液压马达容积调速回路

图 7-12(a) 所示闭式回路，是由定量泵 2 和变量液压马达 4 等组成的容积调速回路。图中阀 3 为安全阀，辅助泵 6 和溢流阀 5 组成补油油路，单向阀 1 用以防止油液倒流及空气进入。

若不计损失，且各参数意义同前，则有

$$n_M = \frac{V_p n_p}{V_M} \tag{7-9}$$

$$T_M = \frac{P_M V_M}{2\pi} \tag{7-10}$$

由式(7-9) 可知，液压马达输出转速 n_M 与马达的排量 V_M 成反比。即 V_M 越小时，n_M 越高。但 V_M 不能太小，更不能为零。否则将会因为 n_M 太高而出事故。由式(7-10) 可知，

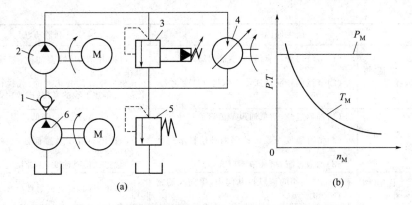

图 7-12　定量泵-变量液压马达容积调速回路及其特性

1—单向阀；2—定量泵；3—安全阀；4—变量液压马达；5—溢流阀；6—辅助泵

液压马达的输出转矩与马达的排量成正比，即马达排量 V_M 越大，其输出的转矩 T_M 也越大。若不计损失，液压马达的输出功率 P_M（$P_M = T_M \times 2\pi n_M$）等于定量泵的输出功率 P_p（$P_p = V_p p_p n_p =$ 定值）。即

$$P_M = T_M \times 2\pi n_M = P_p = 定值 \qquad (7-11)$$

故液压马达的输出功率 P_M 在调速过程中保持恒定，所以也称为恒功率调速。由此可知液压马达的输出转矩 T_M 与液压马达的转速 n_M 成反比，即随着液压马达转速的提高，其输出转矩减小。该回路的调速特性如图 7-12(b) 所示。

这种调速回路调速范围较小，因为若 V_M 调得过小，T_M 的值会很小，以致不能带动负载，造成液压马达"自锁"，故这种回路很少单独使用。

三、流量控制阀常见故障及排除方法

流量控制阀常见故障及排除方法见表 7-1。

表 7-1　流量控制阀常见故障及排除方法

故障现象		产生原因	排除方法
调节节流阀手轮,不出油	压力补偿阀不动作	压力补偿阀芯在关闭位置上卡死 (1)阀芯与阀套几何精度差,间隙太小 (2)弹簧弯曲、变形而使阀芯卡住 (3)弹簧太软	(1)检查精度,修配间隙达到要求移动灵活 (2)更换弹簧 (3)更换弹簧
	节流阀故障	(1)油液过脏,使节流口堵死 (2)手轮与节流阀芯装配位置不合适 (3)节流阀阀芯上联结失落或未装键 (4)节流阀阀芯因配合间隙过小或变形而卡死 (5)控制轴的螺纹被脏物堵住、造成调节不良	(1)检查油质,过滤油液 (2)检查原因,重新装配 (3)更换键或补装键 (4)清洗、修配间隙或更换零件 (5)拆开清洗
	系 统 未 供油	换向阀阀芯未换向	检查原因并排除
执行机构运行速度不稳定(流量不稳定)	压力补偿阀故障	(1)压力补偿阀芯工作不灵敏 ①阀芯有卡死现象 ②补偿阀的阻尼小孔时堵时通 ③弹簧弯曲、变形,或弹簧端面与弹簧轴线不垂直 (2)压力补偿阀芯在全开位置上卡死 ①补偿阀阻尼孔堵死 ②阀芯与阀套几何精度差,配合间隙过小 ③弹簧弯曲、变形而使阀芯卡住	(1)采取下列措施 ①修配、使之移动灵活 ②清洗阻尼孔,若油液过脏,应更换 ③更换弹簧 (2)采取下列措施 ①清洗阻尼孔,若油液过脏,应更换 ②修理使之移动灵活 ③更换弹簧

故障现象		产生原因	排除方法
执行机构运动速度不稳定（流量不稳定）	节流阀故障	(1)节流口处积有污物,造成时堵时通 (2)节流阀外载荷变化会引起流量变化	(1)拆开清洗,检查油质,若油质不合格应更换 (2)对外载荷变化大的,或执行机构运动速度要求非常平稳的系统,应改用调速阀
	油液品质变化	(1)油温过高,造成通过节流口流量变化 (2)带有温度补偿调速阀的补偿杆敏感性差,已损坏 (3)油液过脏,堵死节流口或阻尼孔	(1)检查温升原因,降低油温,并控制在要求范围内 (2)选用对温度敏感性强的材料作补偿杆,坏的应更换 (3)清洗、检查油质,不合格应更换
	单向阀故障	在带单向阀的流量控制阀中,单向阀的密封性不好	研磨单向阀,提高密封性
	管道振动	(1)系统中有空气 (2)由于管道振动使调定的位置变化	(1)应将空气排净 (2)调整后用锁紧装置锁住
	泄漏	内泄和外泄使流量不稳定,造成执行机构工作速度不均匀	消除泄漏,或更换新元件

任务实施

为实现本项目的项目目标,请教师按照学习性工作任务单要求,依据任务实施过程分组组织任务实施,完成工作任务内容,并组织学生按要求完成任务实施记录。学习性工作任务单见表7-2。

表7-2 学习性工作任务单

任务名称　流量控制阀的识别与速度控制回路分析	地点:实训室
专业班级:	学时:4

第＿＿＿组,组长:
成员:

一、工作任务内容
1. 拆装调速阀,掌握调速阀的工作原理、结构特点及应用范围。
2. 设计速度控制回路,并在实验台上安装调试与运行。
二、课前预习准备
参考教材《液压与气压控制(项目化教程)》和活页资料中的相关内容。
三、有关通知事宜
1. 提前10分钟到达学习地点,熟悉环境,不得无故迟到和缺勤。
2. 带好参考书、讲义和笔记本等。
3. 班组长协助教师承担本班组的安全责任。
四、任务实施记录
(一)调速阀拆装
1. 将调速阀拆卸后的图片粘贴在此处,按照拆卸顺序标出序号并写出零件名称。
2. 分别画出节流阀和调速阀的图形符号,并说明二者应用场合有何区别,为什么?
(二)速度控制回路设计与安装调试
1. 画出差动连接快速运动回路的回路图。
2. 在实验台上进行安装调试,分析回路工作过程。

小组得分:	指导教师签字:

一、填空题

1. 容积调速是利用改变变量泵或马达的_____来调节执行元件运动速度的。

2. 节流调速回路按节流阀安装的位置可分为_____节流调速、_____节流调速和_____节流调速回路三种。

3. 容积节流调速是采用_____供油，节流阀（调速阀）调节_____的流量去适应的流量。

4. 调速阀由_____和_____串联组合而成的。

二、选择题

1. 当系统的流量增大时，油缸的运动速度就（　　）。

A. 变快　　　　　　　　B. 变慢　　　　　　　　C. 没有变化

2. 节流阀的节流口应尽量做成（　　）式。

A. 薄壁　　　　　　　　B. 短孔　　　　　　　　C. 细长小孔

3. 在回油路节流调速回路中当负载增大时，p_1（　　）。

A. 增大　　　　　　　　B. 减小　　　　　　　　C. 不变

4. 节流阀是控制油液的（　　）。

A. 流量　　　　　　　　B. 方向　　　　　　　　C. 压力

5. 在用节流阀的旁油路节流调速回路中，其液压缸速度（　　）。

A. 随负载增大而增加　　　B. 随负载增大而减小　　　C. 不受负载影响

6. 在节流调速回路中，哪种调速回路的效率高（　　）。

A. 进油路节流调速回路　　B. 回油路节流调速回路　　C. 旁油路节流调速回路

三、判断

1. 容积调速比节流调速的效率低。　　　　　　　　　　　　　　　　（　　）

2. 通过节流阀的流量与节流阀的通流截面面积成正比，与阀两端压力差大小无关。

（　　）

3. 定量泵与变量马达组成的容积调速回路中，其转矩恒定不变。　　　（　　）

4. 在节流调速回路中，大量油液由溢流阀流回油箱是能量损失大、温度高、效率低的主要原因。　　　　　　　　　　　　　　　　　　　　　　　　　　（　　）

四、简答题

1. 比较节流阀和调速阀的主要异同点。

2. 试述容积节流调速回路的优点，并与节流调速回路、容积调速回路比较说明。

3. 试述进油路节流调速回路和回油路节流调速回路不同之处。

4. 影响节流阀流量稳定性的因素是什么？为何通常将节流口做成薄壁小孔？

项目八　液压系统分析

【项目描述】

液压控制系统是以电机提供动力基础，使用液压泵将机械能转化为压力能，通过液压元件控制、调节液压油的压力和流动方向，从而推动液压缸做出不同行程、不同方向的动作，完成各种设备不同的动作需要。本项目通过对典型液压系统分析，了解液压技术在各行各业中的应用，熟悉各种液压元件在液压系统中的作用及各种基本回路的构成，掌握分析液压系统的步骤和方法，为从事液压系统安装调试与维护等工作奠定基础。

【项目目标】

知识目标：
① 理解液压系统工作原理和液压系统的组成；
② 了解液压系统常见故障及处理办法。

能力目标：
① 会结合液压系统图分析液压系统工作过程；
② 能根据液压系统图组装调试液压系统；
③ 能结合实际液压设备绘制液压系统图。

【相关知识】

一、组合机床动力滑台液压系统分析

（一）组合机床概述

组合机床是由通用部件和专用部件组成的高效、专用、自动化程度较高的机床。它能完成钻、扩、铰、镗、铣、攻螺纹等加工工序以及工作台转位、定位、夹紧、输送等辅助动作。动力滑台是组合机床的通用部件，上面安装有各种旋转刀具，通过液压系统可使这些刀具按一定动作循环完成轴向进给运动。

（二）YT4543 型动力滑台液压系统工作原理

如图 8-1 所示，YT4543 型动力滑台液压系统由限压式变量叶片泵供油，用电液换向阀换向，用行程阀实现快进速度和工进速度的切换，用电磁阀实现两种工进速度的切换，用调速阀使进给速度稳定。实现"快进——工进—二工进—死挡铁停留—快退—原位停止"的动作循环。

1. 换向阀动作顺序表

实现动作循环过程中各换向阀的动作顺序见表 8-1。

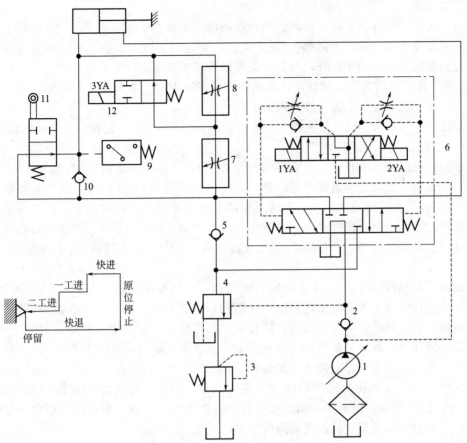

图 8-1　组合机床动力滑台液压系统原理图

1—单向变量泵；2,5,10—单向阀；3—背压阀；4—外控式顺序阀；6—电液换向阀；

7,8—调速阀；9—压力继电器；11—行程阀；12—电磁换向阀

表 8-1　换向阀动作顺序表

动作顺序	1YA	2YA	3TA	行程阀
快进	+	—	—	—
一工进	+	—	—	+
二工进	+	—	+	+
死挡铁停留	+	—	+	+
快退	—	+	—	±
原位停止	—	—	—	—

2. 工作过程分析

（1）差动快进　1YA 得电，电液换向阀处于左位。由于动力滑台空载，系统压力低，液控顺序阀 4 关闭，液压缸成差动连接，且变量泵 1 输出最大流量，滑台向左快进（活塞杆固定，滑台随缸体向左运动）。油液流经路线如下：

进油路：单向变量泵 1—单向阀 2—电液换向阀 6（左位）—行程阀 11（常位）—液压缸（左腔）。

回油路：液压缸（右腔）—电液换向阀 6（左位）—单向阀 5—行程阀 11（常位）—液

压缸（左腔）。

（2）一工进　快进结束时，滑台上的行程挡块压下行程阀 11，使原来通过阀 11 进入液压缸左腔的油路切断。此时电磁阀 12 处于常位，调速阀 7 接入系统，系统压力升高。压力升高一方面使液控顺序阀 4 打开，另一方面使限压式变量泵的流量减小，直到与经过调速阀 7 的流量相匹配，此时液压缸的速度由调速阀 7 的开口决定。单向阀 5 有效地隔开了工进的高压腔与回油的低压腔。油液流经路线如下：

进油路：单向变量泵 1—单向阀 2—电液换向阀 6（左位）—调速阀 7—电磁换向阀 12（右位）—液压缸（左腔）。

回油路：液压缸（右腔）—电液换向阀 6（左位）—液控顺序阀 4—背压阀 3—油箱。

（3）二工进　当滑台前进到一定位置时，挡块压下行程开关时 3YA 得电，经电磁换向阀 12 的通路被切断，压力油须经调速阀 7 和调速阀 8 才能进入缸的左腔。由于调速阀 8 的开口比调速阀 7 小，滑台速度减小，速度大小由调速阀 8 的开口决定。油液流经路线如下：

进油路：单向变量泵 1—单向阀 2—电液换向阀 6（左位）—调速阀 7—调速阀 8—液压缸（左腔）。

回油路：液压缸（右腔）—电液换向阀 6（左位）—液控顺序阀 4—背压阀 3—油箱。

（4）死挡铁停留　当滑台工进到碰上死挡铁后，滑台停止运动。液压缸左腔压力升高，压力继电器 9 给时间继电器发出信号，使滑台在死挡铁上停留一定时间后再开始下一动作。此时泵的供油压力升高，流量减少，直到限压式变量泵流量减小到仅能满足补偿泵和系统的泄漏为止，系统处于需要保压的流量卸荷状态。

（5）快退　当滑台在死挡铁上停留一定时间后，时间继电器发出使滑台快退的信号。1YA 失电，2YA 得电，电液换向阀 6 处于右位。由于此时空载，系统压力很低，泵输出的流量很大，滑台向右快退。油液流经路线如下：

进油路：单向变量泵 1—电液换向阀 6（右位）—液压缸（右腔）。

回油路：液压缸（左腔）—单向阀 10—电液换向阀 6（右位）—油箱。

（6）原位停止　挡块压下原位行程开关，1YA、2YA、3YA 都失电，阀 6 处于中位，滑台停止运动，泵通过电液换向阀 6 中位卸荷。

（三）YT4543 型动力滑台液压系统特点

（1）采用限压式变量泵和调速阀组成容积节流调速回路，把调速阀装在进油路上，而在回油路上加背压阀，获得了较好的低速稳定性、较大的调速范围和较高的效率。

（2）采用限压式变量泵和液压缸的差动连接实现快进，能量利用合理。

（3）采用行程阀和顺序阀实现快进和工进的换接，动作可靠，转换位置精度高。

（4）采用三位五通 M 型中位机能的电液换向阀换向，使换向时间可调，改善和提高了换向性能。

（5）采用两个调速阀串联来实现两次工进，使转换速度平稳而无冲击。

（6）采用换向阀中位卸荷，比用限压式变量泵在高压小流量下卸荷方式的功率消耗要小。

二、挖掘机液压系统分析

（一）挖掘机概述

单斗液压挖掘机液压系统是典型的液压传动与控制技术在工程实践上的应用，按照不同的功能可将挖掘机液压系统分为三个基本部分：工作装置系统，回转装置系统、行走装置系统。

挖掘机的工作装置主要由动臂、斗杆、铲斗及相应的液压缸组成，它包括动臂、斗杆、铲斗三个液压回路。其中动臂有整体式动臂和组合式动臂。组合式动臂相当于整套机构多了一个关节，结构复杂但动作更灵活、便于调整作业参数。动臂多数做成弯形以便于布置机构铰点。

回转装置的功能是驱动工作装置和上部转台向左或向右回转，以便进行挖掘和卸料，完成该动作的液压元件是回转马达。回转系统工作时必须满足以下条件：回转迅速、启动和制动无冲击、振动和摇摆，与其他机构同时动作时，能合理地分配去各机构的流量。

行走装置的作用是支撑挖掘机的整机质量并完成行走任务，多采用履带式和轮胎式机构，所用的液压元件主要是行走马达。行走系统的设计要考虑直线行驶问题，即在挖掘机行走过程中，如果某一工作装置动作，不至于造成挖掘机发生行走偏转现象。

挖掘机的液压系统复杂，可以说目前液压传动与控制的许多先进技术都体现在挖掘机上。液压挖掘机的液压系统都是由一些基本回路和辅助回路组成，它们包括限压回路、卸荷回路、缓冲回路、节流调速和节流限速回路、行走限速回路、支腿顺序回路、支腿锁止回路和先导阀操纵回路等，由它们构成具有各种功能的液压系统。随着科技的进步，挖掘机的液压系统将更加复杂，功能更加多样且便于操作控制，工作效率高，耗能少，先进的液压系统会使挖掘机在工程领域发挥更大的作用。

（二）挖掘机液压系统的基本动作分析

1. 挖掘

通常以铲斗液压缸或斗杆液压缸分别进行单独挖掘，或者两者配合进行挖掘。在挖掘过程中主要是铲斗和斗杆有复合动作，必要时配以动臂动作。

2. 满斗举升回转

挖掘结束后，动臂缸将动臂顶起、满斗提升，同时回转液压马达使转台转向卸土处，此时主要是动臂和回转的复合动作。动臂举升和铲斗自动举升到正确的卸载高度。由于卸载所需回转角度不同，随挖掘机相对自卸车的位置而变，因此动臂举升速度和回转速度相对关系应该是可调整的，若卸载回转角度大，则要求回转速度快些，而动臂举升速度慢些。

3. 卸载

回转至卸土位置时，转台制动，用斗杆调节卸载半径和卸载高度，用铲斗缸卸载。为了调整卸载位置，还需动臂配合动作。卸载时，主要是斗杆和铲斗复合作用，兼以动臂动作。

4. 空斗返回

卸载结束后，转台反向回转，同时动臂缸和斗杆缸相互配合动作，把空斗放到新的挖掘点，此工况是回转、动臂和斗杆复合动作。由于动臂下降有重力作用、压力低、泵的流量大、下降快，要求回转速度快，因此该工况的供油情况通常是一个泵全部流量供回转，另一泵大部分油供动臂，少部分油经节流供斗杆。

（三）挖掘机液压系统工作原理

履带式单斗液压挖掘机液压系统原理如图 8-2 所示。该系统为高压定量双泵、双回路开式系统，液压泵 1、2 输出的压力油分别进入两组由三个手动换向阀组成的多路换向阀 A、B，两个阀组相互独立，互相不干扰，进入多路换向阀 A 的压力油，驱动回转马达 3、铲斗

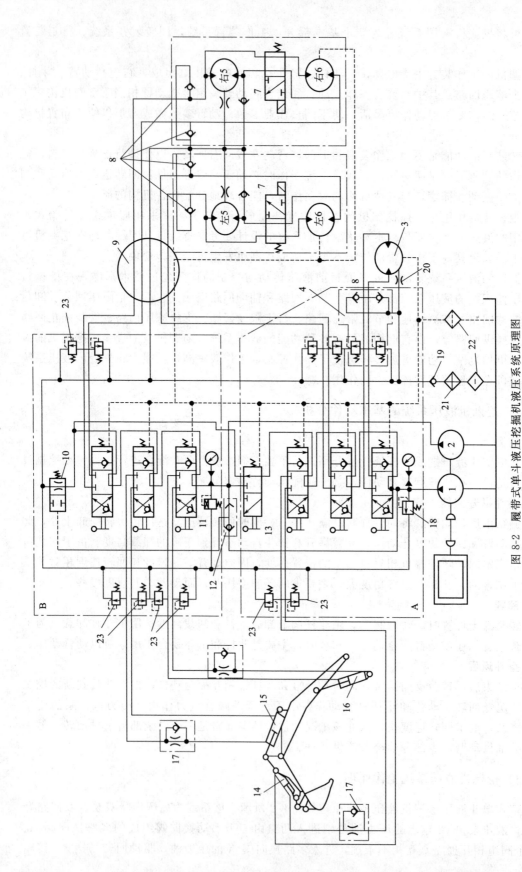

图 8-2 履带式单斗液压挖掘机液压系统原理图

1、2—液压泵；3—回转马达；4—缓冲补油阀组；5、6—左、右履带行走马达；7—行走马达中的双速阀；8—补油单向阀；9—中心回转接头；10—限速阀；11、18—溢流阀；12—梭阀；13—合流阀；14—铲斗缸；15—斗杆缸；16—动臂缸；17—单向节流阀；19—背压阀；20—节流阀；21—冷却器；22—滤油器；23—缓冲阀；

缸 14，同时经中心回转接头 9 驱动左行走马达 5；进入多路换向阀 B 的压力油，驱动动臂缸 16、斗杆缸 15，并经中心回转接头 9 驱动右行走马达 5。在左、右行走马达内部设有双速电磁阀 7，电磁阀可使液压马达的两排柱塞在串联和并联间转换，串联时排量小转速高，并联时扭矩大转速低。从多路换向阀 A、B 流出的压力油都要经过限速阀 10，进入总回油管，再经背压阀 19、冷却器 21、滤油器 22 流回油箱。当各换向阀均处于中间位置时，构成卸载回路。

1. 行走机构液压系统

行走马达由各自独立的阀组 A、B 分别控制，可实现车辆直线行走或单侧行走，也就是说车辆在行走（直线行走或单边行走）时主泵为分流状态：前泵供应左行走滑阀——斗杆组，后泵供应右行走滑阀——铲斗组。当挖掘机下坡行走出现超速情况时，油泵出口压力降低，限速阀 10 自动对回油进行节流，防止溜坡现象，保证挖掘机行驶安全。油液流经路线如下：

进油路：主泵 1、2→主控制阀组 A、B→中心回转接头 9→行走马达 5、6。

出油路：行走马达 5、6→中心回转接头 9→主控制阀组 A、B→合流阀 13→限速阀 10→油箱。

2. 回转机构液压系统

回转马达由阀组 A 控制，可实现挖掘机机身的回转，注意回油路装设有背压阀 19，调整压力为 $0.7 \sim 1.0 MPa$。它的作用是一方面通过装在液压马达附近的单向阀 8 补油的方式使回转马达制动，一方面将背压油路中的低压油，经节流降压后供给液压马达壳体内部，使其保持一定的循环油量，及时冲洗磨损产物。同时回油温度较高，可对液压马达进行预热，避免环境温度较低时工作液体对液压马达形成"热冲击"。油液流经路线如下：

进油路：主泵 1→主控制阀 A→回转马达。

出油路：回转马达→主控制阀 A→合流阀 13→限速阀 10→油箱。

3. 铲斗液压系统

铲斗液压缸由阀组 A 控制，可实现挖掘和卸载功能，铲斗机构中装有单向节流阀 17，防止这些机构在自重作用下超速下降。另外装有缓冲阀 23，作分支回路的安全、制动阀用。油液流经路线如下：

进油路：主泵→主控制阀组 A→铲斗油缸。

出油路：铲斗油缸→主控制阀组 A→合流阀 13→限速阀 10→油箱。

4. 斗杆液压系统

斗杆液压缸由阀组 B 控制，可实现挖掘和卸载功能，其他同铲斗液压缸一样。

进油路：主泵→主控制阀组 B→斗杆缸。

出油路：斗杆缸→主控制阀组 B→限速阀 10→油箱。

5. 动臂液压系统

动臂液压缸由阀组 B 控制，可实现动臂的举升功能。其他同铲斗液压缸一样。一般情况，动臂和斗杆需要快速动作，这时需要将合流阀 13 搬到左位，可实现两泵同时供油。油液流经路线如下：

进油路：主泵→主控制阀组 B→斗动臂缸。

出油路：动臂缸→主控制阀组 B→限速阀 10→油箱。

最后，该液压系统采用定量泵，效率较低、发热量大，为了防止液压系统过大的温升，在回油路中设置强制风冷式散热器,将油温控制在80℃以下。

知识拓展

液压系统常见故障分析

一个完整的液压系统由五个部分组成,即动力元件、执行元件、控制元件、辅助元件和液压油。在机械设备中,液压系统故障主要表现在液压系统或回路中的元件损坏,表现出泄漏、发热、振动、噪声等现象,导致系统不能正常工作。当然,还有一些故障可能没有明显的故障现象,但是系统或系统的某个子系统不能工作,处理起来相对要困难得多。表8-2为液压系统常见故障分析及处理办法。

表8-2　液压控制系统的常见故障处理

液压控制系统的故障现象	故障排除方法
控制信号输入系统后执行元件不动作	(1)检查系统油压是否正常,判断液压泵、溢流阀工作情况 (2)检查执行元件是否有卡锁现象 (3)检查伺服放大器的输入、输出电信号是否正常,判断其工作情况 (4)检查电液伺服阀的电信号有输入和有变化时,液压输出是否正常,用以判断电液伺服阀是否正常。伺服阀故障一般应由生产厂家处理
控制信号输入系统后执行元件向某一方向运动到底	(1)检查传感器是否接入系统 (2)检查传感器的输出信号与伺服放大器是否误接成正反馈 (3)检查伺服阀可能出现的内部反馈故障
执行元件零位不准确	(1)检查伺服阀的调零偏置信号是否调节正常 (2)检查伺服阀调零是否正常 (3)检查伺服阀的颤振信号是否调节正常
执行元件出现振荡	(1)检查伺服放大器的放大倍数是否调得过高 (2)检查传感器的输出信号是否正常 (3)检查系统油压是否太高
执行元件跟不上输入信号的变化	(1)检查伺服放大器的放大倍数是否调得过低 (2)检查系统油压是否太低 (3)检查执行元件和运动机构之间游隙是否太大
执行机构出现爬行现象	(1)油路中气体没有排尽 (2)运动部件的摩擦力过大 (3)油源压力不够

任务实施

为实现本项目的项目目标,请教师按照学习性工作任务单要求,依据任务实施过程分组组织任务实施,完成工作任务内容,并组织学生按要求完成任务实施记录。学习性工作任务单见表8-3。

表 8-3　学习性工作任务单

任务名称:挖掘机操作与分析	地点:实训室
专业班级:	学时:2 学时

第＿＿＿组,组长:
成员:

一、工作任务内容

1. 观察挖掘机工作过程。
2. 分析挖掘机工作原理和组成。
3. 了解液压传动技术在单斗挖机中的具体应用。
4. 了解液压传动系统的优缺点。

二、教学资源

学习工作任务单、单斗挖掘机模型、视频文件及多媒体设备。

三、有关通知事宜

1. 提前 10 分钟到达学习地点,熟悉环境,不得无故迟到和缺勤。
2. 带好参考书、讲义和笔记本等。
3. 班组长协助教师承担本班组的安全责任。

四、任务实施过程

1. 下达学习工作任务单。
2. 组织任务实施。
教师操作和演示单斗挖掘机液压系统动作,组织学生操作分析单斗挖掘机液压系统工作过程,教师全过程巡回指导。
3. 任务检查及评价。
(1)教师依据学生操作的规范性、回答问题的准确性以及学生课堂表现进行综合评定。
(2)教师根据任务完成情况进行适当补充和讲解。

五、任务实施记录

1. 画出铲斗、斗杆、动臂、回转马达、行走马达液压工作原理图,并写出各自工作过程。
2. 分析单斗挖掘机液压系统中的合流阀、限速阀、过载阀、单向顺序阀、梭阀、单向补油阀、双速阀等的工作原理和作用。
3. 回答问题。
(1)一般液压传动控制系统常见故障及处理。
(2)列举液压传动技术在工程实际中的应用。(如挖掘机、压路机、铺沥青机)

小组得分:	指导教师签字:

巩固练习

一、填空题

1. 从外观上看,挖掘机由＿＿＿＿＿＿、＿＿＿＿＿＿、＿＿＿＿＿＿三部分组成。
2. 挖掘机按驱动方式可分为＿＿＿＿和＿＿＿＿两种;按照行走方式可分为＿＿＿＿＿＿和＿＿＿＿＿＿。
3. 液压挖掘机主要由＿＿＿＿、＿＿＿＿、＿＿＿＿、＿＿＿＿和＿＿＿＿等部分组成。

二、选择题

1. 动臂下降过大,其可能原因有。(　　　)
A. 油缸活塞密封不良　　　　　　　　　B. 安全进油阀损坏

C. 动臂保持阀动作不正常　　　　　　　D. 控制阀滑阀损坏

2. 反铲液压挖掘机的作业循环过程包括（　　　）。

A. 挖掘　　　　　　　B. 回转　　　　　　　C. 卸料　　　　　　　D. 返回

三、判断题

1. 动臂是反铲装置的主要部件，其结构有整体式和组合式两种。（　　）

2. 回转马达的转速变化取决于油泵流量的大小。（　　）

3. 液压缸是靠压力油而进行直线运动的执行元件，分为双作用和单作用两种类型。

（　　）

4. 回转制动器为多摩擦片湿式结构。（　　）

四、分析题

1. 为什么对回转液压系统要进行缓冲补油？画出一种缓冲补油回路，并说明其工作原理。

2. 如题图 8-1 所示，专用钻镗床液压系统，可实现"快进——一工进—二工进—快退—原位停止"工作循环。

（1）试填写好其电磁铁动作顺序表。

（2）简述各阶段油液流经路线。

（3）指出该液压系统由哪些基本回路组成。

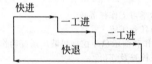

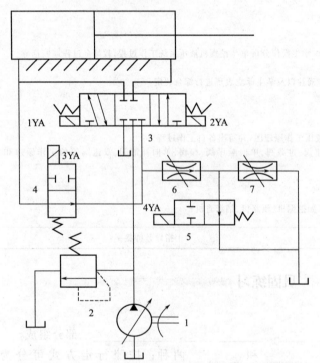

电磁铁 动作	1YA	2YA	3YA	4YA
快进				
一工进				
二工进				
快退				
原位停止				

题图 8-1

第二篇　气动控制部分

项目九　气动系统的建立与工作介质分析

【项目描述】

气压传动简称气动，是指以压缩空气作为工作介质来传递动力和控制信号，控制和驱动各种机械和设备，以实现生产过程机械化、自动化的一门技术。所以本项目就对空气的主要物理性质、气压传动的特点、气压传动基本组成、气体的状态方程及气体流动的基本方程等内容展开介绍。

【项目目标】

知识目标：

① 了解空气的物理性质；

② 理解气体的状态方程；

③ 理解气体流动的基本方程；

④ 了解气压传动基本组成；

⑤ 掌握气压传动的特点；

⑥ 理解气压传动系统的工作原理。

能力目标：

① 能识别出气源装置、辅助元件、控制元件、执行元件；

② 能结合机械运动说明气动系统工作过程。

【相关知识】

一、自动化生产线供料单元气动系统分析

（一）自动化生产线供料单元结构组成和工作过程

以 YL-335B 自动化生产线供料单元为例，其主要结构组成为：工件装料管、工件推出装置、支撑架、阀组、底板、PLC 等控制装置。其中，机械部分结构组成如图 9-1 所示。管形料仓里放满了工件，推料气缸处于料仓的底层并且其活塞杆可从料仓的底部通过。当活塞杆在退回位置时，它与下层工件处于同一水平位置，而夹紧气缸则与次下层工件处于同一水平位置。在需要将工件推出到物料台上时，首先使夹紧气缸的活塞杆推出，压住次下层工件；然后使推料气缸活塞杆推出，从而把下层工件推到物料台上。在推料气缸返回并从料仓底部抽出后，再使夹紧气缸返回，松开次下层工件。这样，料仓中的工件在重力的作用下，就自动向下

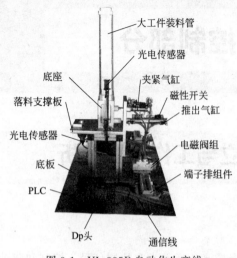

图 9-1　YL-335B 自动化生产线
供料单元结构组成

图中标注：
- 大工件装料管
- 光电传感器
- 夹紧气缸
- 磁性开关
- 推出气缸
- 电磁阀组
- 端子排组件
- 底座
- 落料支撑板
- 光电传感器
- 底板
- PLC
- Dp头
- 通信线

移动一个工件，为下一次推出工件做好准备。

（二）自动化生产线供料单元气动系统分析

气动控制回路是本工作单元的执行机构，该执行机构的控制逻辑控制功能是由 PLC 实现的。YL-335B 自动化生产线供料单元气动控制回路的工作原理如图 9-2 所示。图中 1A 和 2A 分别为推料气缸和顶料气缸。1B1 和 1B2 为安装在推料气缸的两个极限工作位置的磁感应接近开关，2B1 和 2B2 为安装在顶料气缸的两个极限工作位置的磁感应接近开关。用这两个传感器分别标识气缸运动的两个极限位置。1Y1 和 2Y1 分别为控制推料气缸和顶料气缸电磁阀的电磁控制端，实现快速换向，通常这两个气缸的初始位置均设定在缩回状态。从气压传动图可以看出，气压传动系统由以下几个部分组成：

（1）气源装置。获得压缩空气的装置，将电动机、内燃机等原动机的机械能转化为空气的压力能。再通过干燥器、过滤器等辅助元件为气压传动系统提供洁净、稳定、干燥的压缩空气。

（2）控制元件。控制气体的压力、流量及流动方向的元件，如压力阀、流量阀和方向阀。

（3）执行元件。将压力能转换为机械能的能量转换装置，它包含实现机构直线往复运动的气缸和实现机构回转运动的气马达。

（4）辅助元件。除上述三类元件外，其余都称为辅助元件，如过滤器、油雾器、消声器、管道和接头等。

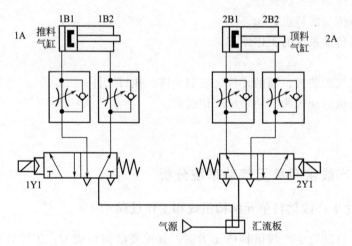

图 9-2　YL-335B 自动化生产线供料单元气动系统

二、空气的主要物理性质

（一）空气的组成

空气由多种气体混合而成。其主要成分是氮（N_2）和氧（O_2），其次是氩（Ar）和少量的二氧化碳（CO_2）及其他气体。空气可分为干空气和湿空气两种形态，以是否含水蒸气作为区分标志：不含有水蒸气的空气称为干空气，含有水蒸气的空气称为湿空气。大气中的空气基本上都是湿空气。

湿空气的压力称为全压力，是湿空气的各组成成分气体压力的总和。各组成成分气体压力称为分压力，是指湿空气的各个组成成分气体，在相同温度下，独占湿空气总容积时所具有的压力。平常所说的大气压力就是指湿空气的全压力。

（二）空气的密度

单位体积内空气的质量，称为空气的密度，以 ρ 表示，空气的密度与温度、压力有关。干空气密度用 ρ_g 来表示，湿空气密度用 ρ_s 来表示。

干空气密度的计算公式如下：

$$\rho_g = \rho_0 \frac{273}{273+t} \times \frac{p}{0.1013} (\text{kg/m}^3) \qquad (9\text{-}1)$$

式中　p——绝对压力，MPa；

　　ρ_0——温度在 0℃、压力在 0.1013MPa 时干空气的密度，$\rho_0 = 1.293 \text{kg/m}^3$；

　　$273+t$——绝对温度，$273+t = T$，K。

湿空气密度的计算公式如下：

$$\rho_s = \rho_0 \frac{273}{273+t} \times \frac{p - 3.78\phi p_b}{0.1013} (\text{kg/m}^3) \qquad (9\text{-}2)$$

式中　p——湿空气的全压力，MPa；

　　p_b——温度在 t℃时饱和空气中水蒸气的分压力，MPa；

　　ϕ——空气的相对湿度，%。

（三）空气的黏性

空气在流动中产生内摩擦力的性质称为黏性，空气黏性受压力变化的影响极小，通常可忽略。空气黏性随温度变化而变化，温度升高，黏性增加；温度降低，黏度减小。黏度随温度的变化如表 9-1 所示。

表 9-1　空气的运动黏度与温度的关系

$t/℃$	0	5	10	20	30	40	60	80	100
$\nu/\text{m}^2 \cdot \text{s}^{-1}$	0.133×10^{-4}	0.142×10^{-4}	0.147×10^{-4}	0.157×10^{-4}	0.166×10^{-4}	0.176×10^{-4}	0.196×10^{-4}	0.21×10^{-4}	0.238×10^{-4}

（四）气体的易变特性

气体的体积受压力和温度变化的影响极大，与液体和固体相比较，气体的体积是易变的，称为气体的易变特性。例如，液压油在一定温度下，工作压力为 0.2MPa，若压力增加 0.1MPa 时，体积将减少 1/20000；而空气压力增加 0.1MPa 时，体积减小 1/2，空气和液压油体积变化相差 10000 倍。又如，水温度每升高 1℃时，体积只改变 1/20000；而气体温度每升高 1℃时，体积改变 1/273，两者的体积变化相差 20000/273 倍。气体与液体体积变化相差悬殊，主要原因在于气体分子间的距离大而内聚力小，分子运动的平均自由路径大。气体体积随温度和压力的变化规律遵循气体状态方程。

（五）湿空气

空气中含有的水分多会使气动元件生锈，因此空气中含水量的多少对气动系统的稳定性和元件的使用寿命有很大影响。为了保证气动系统正常工作，在空压机出口处要安装后冷却器使空气中的水蒸气凝结析出，在储气罐的出口处要安装过滤和烘干设备。一般气动元件对工作介质的含水量都有明确规定。下面简单介绍一下有关湿空气的概念。

1. 饱和湿空气和未饱和湿空气

在一定的压力和温度条件下，含有最大限度水蒸气的空气称为饱和湿空气，反之称为未饱和湿空气。一般的湿空气都处于未饱和状态。

2. 湿度

湿空气所含水分的程度用湿度和含湿量来表示。湿度的表示方法有两种：绝对湿度和相对湿度。

（1）绝对湿度。单位体积的湿空气中所含水蒸气的质量，称为湿空气的绝对湿度，用 χ 表示，即

$$\chi = m_s/V \, (\text{kg/m}^3) \tag{9-3}$$

或由气体状态方程导出

$$\chi = p_s/(R_s T) = \rho_s \, (\text{kg/m}^3) \tag{9-4}$$

式中　m_s——湿空气中水蒸气的质量，kg；

　　　V——湿空气的体积，m^3；

　　　p_s——水蒸气的分压力，Pa；

　　　T——绝对温度，K；

　　　ρ_s——水蒸气的密度，kg/m^3；

　　　R_s——水蒸气的气体常数，$R_s = 462.05 \, \text{J/(kg·K)}$。

湿空气中水蒸气的分压力达到该温度下水蒸气的饱和压力，则此时的绝对湿度称为饱和绝对湿度，用 χ_b 表示，即

$$\chi_b = p_b/(R_s T) = \rho_b \, (\text{kg/m}^3) \tag{9-5}$$

式中　p_b——饱和湿空气中水蒸气的分压力，Pa；

　　　ρ_b——饱和湿空气中水蒸气的密度，kg/m^3。

（2）相对湿度。在一定温度和压力下，绝对湿度和饱和绝对湿度之比称为该温度下的相对湿度，用 ϕ 表示，即：

$$\phi = \frac{\chi}{\chi_b} \times 100\% = \frac{p_s}{p_b} \times 100\% \tag{9-6}$$

式中　χ——绝对湿度，kg/m^3；

　　　χ_b——饱和绝对湿度，kg/m^3；

　　　p_s——水蒸气的分压力，Pa；

　　　p_b——饱和水蒸气的分压力，Pa。

当 $p_s = 0$，$\phi = 0$；空气绝对干燥，当 $p_s = p_b$，$\phi = 100\%$ 时，空气达到饱和。饱和湿空气吸收水蒸气的能力为零，此时的温度为露点温度，简称露点，达到露点以后，湿空气将要有水分析出。湿空气的 ϕ 值在 $0 \sim 100\%$ 之间变化，通常空气的 ϕ 值在 $60\% \sim 70\%$ 范围内人体感到舒适。气动技术规定各种阀的相对湿度不得超过 $90\% \sim 95\%$。

3. 析水量

气动系统中的工作介质是空压机输出的压缩空气。湿空气被压缩后，使原来较大体积内含有的水分都要挤在较小的体积里，单位体积内所含有的水蒸气量就会增大。当此压缩空气冷却降温时，温度降到露点以后，便会有水滴析出。每小时从压缩空气中析出水的质量称为析水量。

三、气压传动的特点

1. 气压传动优点

（1）工作介质是取之不尽、用之不竭的空气。排气不回收，可将其随时排入大气中，不污染环境，气体不易堵塞流动通道。

（2）因空气黏度小（约为液压油的万分之一），在管内流动阻力小，压力损失小，所以压缩空气可以集中供应和远距离输送。

（3）空气具有可压缩性，使气动系统能够实现过载自动保护，也便于储气罐储存能量，以备急需。

（4）气动装置结构简单、轻便、安装维护方便；压力等级低，使用安全；可靠性高，使用寿命长。

（5）对输出速度和输出力能够实现无级调节，动作速度比液压和电气方式快。

2. 气压传动缺点

（1）由于空气具有可压缩性，气动装置的动作稳定性较差，外载变化时，对工作速度的影响较大。

（2）由于工作压力低（一般为 0.4～0.8MPa），气动装置的输出力或力矩受到限制。在结构尺寸相同的情况下，气压传动装置比液压传动装置输出的力要小得多。

（3）压缩空气没有自润滑性，需要另设润滑装置进行给油润滑。

（4）噪声较大，尤其是在超音速排气时要加消声器。

一、气体状态方程

（一）理想气体状态方程

一定质量的理想气体，在状态变化的某一稳定瞬时，其状态应满足下述关系：

$$p = \rho R T \tag{9-7}$$

或

$$p \bar{v} = R T \tag{9-8}$$

式中　p——绝对压力，Pa；

　　ρ——气体密度，kg/m³；

　　T——绝对温度，K；

　　$\bar{v}$——气体比容，m³/kg，$\bar{v} = 1/\rho$；

　　R——气体常数，干空气的 $R = 287.1\text{J}/(\text{kg} \cdot \text{K})$，水蒸气的 $R = 462.05\text{J}/(\text{kg} \cdot \text{K})$。

式(9-7) 和式(9-8) 为理想气体状态方程。只要压力不超过 20MPa，绝对温度不低于 253K，对空气、氧、氮、二氧化碳等气体，该两方程均适用。

（二）理想气体状态变化过程

气体的绝对压力、比容及绝对温度的变化，决定着气体的不同状态和不同的状态变化过程。通常有如下几种情况。

1. 等温过程

一定质量的气体在温度保持不变时，从某一状态变化到另一状态的过程，称为等温过程（见图9-3）。

$$p_1 \bar{v}_1 = p_2 \bar{v}_2 = RT = 常数 \tag{9-9}$$

式（9-9）说明温度不变时，气体压力与比容成反比关系。压力增加，气体被压缩，单位质量的气体所需压缩功为

$$W = \int_{\bar{v}_1}^{\bar{v}_2} p\,(-\,\mathrm{d}\bar{v}) = \int_{\bar{v}_2}^{\bar{v}_1} \frac{RT}{v}\mathrm{d}\bar{v} = RT\ln(\bar{v}_1/\bar{v}_2) \tag{9-10}$$

此变化过程温度不变，系统内能无变化，加入系统的热量全部用来做功。

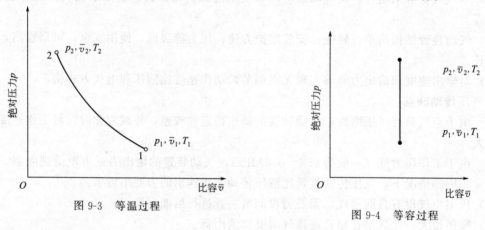

图 9-3　等温过程

图 9-4　等容过程

2. 等容过程

一定质量的气体，在容积保持不变时，从某一状态变化到另一状态的过程，称为等容过程（见图9-4）。

$$\frac{p_1}{T_1} = \frac{p_2}{T_2} = \frac{R}{v} = 常数 \tag{9-11}$$

式（9-11）说明容积不变时，压力与绝对温度成正比关系。

在等容变化过程时，气体对外做功为

$$W = \int_{\bar{v}_1}^{\bar{v}_2} p\,\mathrm{d}\bar{v} = 0 \tag{9-12}$$

式（9-12）说明等容变化过程气体对外不做功。但绝对温度随压力增加而增加，提高了气体的内能。单位质量的气体所增加的内能为

$$E_v = C_v(T_2 - T_1) \quad (\mathrm{J/kg}) \tag{9-13}$$

式中，C_v 为定容比热，$\mathrm{J/(kg \cdot K)}$，对空气 $C_0 = 718\mathrm{J/(kg \cdot K)}$。

3. 等压过程

一定质量的气体，在压力保持不变时，从某一状态变化到另一状态的过程，称为等压过程（见图9-5）。

$$\frac{\bar{v}_1}{T_1} = \frac{\bar{v}_2}{T_2} = \frac{R}{p} = 常数 \tag{9-14}$$

式(9-14)说明压力不变时，比容与绝对温度成正比关系，气体吸收或释放热量而发生状态变化。单位质量的气体所得到的热量为

$$Q = C_p(T_2 - T_1) \quad (\text{J/kg}) \tag{9-15}$$

式中　C_p——定压比热，J/(kg·K)，空气 $C_p = 1005$J/(kg·K)。

在此过程中，单位质量气体膨胀所做功为

$$W = \int_{\bar{v}_1}^{\bar{v}_2} p\,\mathrm{d}v = p(\bar{v}_2 - \bar{v}_1) = R(T_2 - T_1) \quad [\text{J/(kg·K)}] \tag{9-16}$$

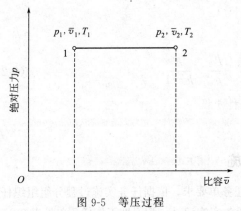

图 9-5　等压过程

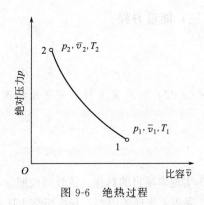

图 9-6　绝热过程

4. 绝热过程

气体在状态变化过程中，系统与外界无热量交换的状态变化过程，称为绝热过程（见图9-6）。该过程的 p-$\bar{v}$ 曲线如图9-6所示。绝热过程的绝热方程式为

$$p\bar{v}^k = 常数 \tag{9-17}$$

式中　k——绝热指数，对不同的气体有不同的值。

二、气体的流动规律

反映气体流动规律的基本方程有运动方程、连续性方程和能量方程等。在以下讨论过程中不计气体的质量力，并认为是理想气体的绝热流动。

（一）运动方程

在纳维斯托克斯方程基础上，理想气体一元定常绝热流动的运动方程为

$$-\frac{1}{\rho} \times \frac{\mathrm{d}p}{\mathrm{d}S} = v\frac{\mathrm{d}v}{\mathrm{d}S} \tag{9-18}$$

或

$$v\,\mathrm{d}v + \frac{1}{\rho}\mathrm{d}p = 0 \tag{9-19}$$

式中　v——气体运动的平均速度，m/s；

　　　p——气体压力，Pa；

　　　ρ——气体的密度，kg/m³；

　　　S——两过流断面之间的距离，m。

（二）连续性方程

连续性方程，实质上是质量守恒定律在流体力学中的一种表现形式。气体在管道中作定常流动时，流过管道每一通流截面气体的质量为一定值。即

$$A v \rho = 常数 \tag{9-20}$$

对上式微分得

$$\frac{\mathrm{d}A}{A} + \frac{\mathrm{d}v}{v} + \frac{\mathrm{d}\rho}{\rho} = 0 \tag{9-21}$$

式中　A——过流断面面积，m^2；

　　　ρ——气体的密度，kg/m^3；

　　　v——气体运动的平均速度，m/s。

（三）能量方程

$$\frac{v_1^2}{2} + \frac{p_1}{\rho_1} \times \frac{k}{k-1} = \frac{v_2^2}{2} + \frac{p_2}{\rho_2} \times \frac{k}{k-1} \tag{9-22}$$

式(9-22)为能量方程，即可压缩流体的伯努利方程。

任务实施

为实现本项目的目标，请教师按照学习性工作任务单要求，依据任务实施过程分组组织任务实施，完成工作任务内容，并组织学生按要求完成任务实施记录。学习性工作任务单见表9-2。

表 9-2　学习性工作任务单

任务名称：YL-335B 自动化生产线观摩与气动系统分析	地点：实训室
专业班级：	学时：2 学时
第___组，组长：成员：	

一、工作任务内容
1. 观察 YL-335B 自动化生产线工作过程。
2. 分析 YL-335B 自动化生产线供料单元的组成和工作原理。
3. 了解气压传动技术在 YL-335B 自动化生产线中的具体应用。
4. 了解气压传动系统的优缺点。
二、教学资源
学习工作任务单、YL-335B 自动化生产线、视频文件及多媒体设备。
三、有关通知事宜
1. 提前 10 分钟到达学习地点，熟悉环境，不得无故迟到和缺勤。
2. 带好参考书、讲义和笔记本等。
3. 班组长协助教师承担本班组的安全责任。
四、任务实施过程
1. 下达学习工作任务单。
2. 组织任务实施。
教师现场操作演示 YL-335B 自动化生产线 5 个单元的完整工作过程，组织学生分析 YL-335B 自动化生产线供料、加工、装配、分拣、运输系统工作过程，绘制供料单元气动系统图。
3. 任务检查及评价。
(1)教师依据学生工作过程分析的正确性、回答问题的准确性以及学生课堂表现进行综合评定。
(2)教师根据任务完成情况进行适当补充和讲解。
五、任务实施记录
1. 画出 YL-335B 自动化生产线供料单元气动系统图，并写出其工作过程。
2. 回答问题。
(1)一般气压传动控制系统组成及各组成部分的功用。
(2)列举气压传动技术在工程实际中的应用。

小组得分：	指导教师签字：

巩固练习

一、填空题

1. 气压传动系统使用空气作为_____。理论上把完全不含有蒸汽的空气为_____。由干空气和蒸汽组成的气体称为_____。

2. 气压传动系统主要由以下 5 个部分组成：_____、_____、_____、_____、_____。

3. 单位体积空气的_____称为空气的密度。气体密度与气体压力和温度有关，压力增加，空气密度_____，而温度升高，空气的密度_____。

二、选择题

1. 气动系统对压缩空气的主要要求是（　　）。
   A. 自然状体的空气　　B. 干净的空气　　　　C. 无味的空气　　　　D. 湿润的空气

2. 空气进入空压机前，必须经过（　　），以滤去空气中所含的一部分灰尘和杂质。
   A. 简易过滤器　　　　B. 二次过滤器　　　　C. 高效过滤器　　　　D. 空气干燥器

3. 关于气压传动，下列说法不正确的是（　　）。
   A. 空气具有可压缩性，不易实现准确的速度控制和很高的定位精度
   B. 负载变化时对系统的稳定性影响较大
   C. 负载变化时对系统的稳定性较小
   D. 压缩空气的压力较小，一般用于输出力较小的场合

4. 气压传动中所用的介质是空气。气体体积随压力增大而减小的性质称为（　　）。
   A. 黏性　　　　　　　B. 膨胀性　　　　　　C. 可压缩性　　　　　D. 密度

5. 气压传动中，由于空气的可压缩性会导致（　　）。
   A. 压力不稳定　　　　B. 速度不能精确控制　C. 噪声　　　　　　　D. 不适用于重载

三、判断题

1. 空气的绝对压力就是压力表显示的压力。　　　　　　　　　　　　　　　　　　（　　）

2. 气动技术所使用的空气可以是自由状态的湿空气。　　　　　　　　　　　　　　（　　）

3. 采取有效措施减少压缩空气中所含的水分，降低进入气压传动设备的空气温度对系统十分有利。　　　　　　　　　　　　　　　　　　　　　　　　　　　　　　　　　　（　　）

4. 气体的可压缩性和膨胀性都远小于液体的可压缩性和膨胀性。　　　　　　　　　（　　）

5. 气压传动是以空气为工作介质进行能量传递的一种传动形式，将机械能转变为气体的压力能。　　　　　　　　　　　　　　　　　　　　　　　　　　　　　　　　　　（　　）

四、简答题

1. 空气的主要物理性质中，哪些会对气压传动造成不良影响？如何影响？

2. 气体在气压传动系统中，遵循哪些规律？

项目十 气动元件的识别与应用

【项目描述】

气动控制元件是在气动系统中控制气流的压力、流量、方向和发送信号的元件，利用它们可以组成具有特定功能的控制回路，使气动执行元件或控制系统能够实现规定动作。气动控制元件的功用、工作原理等和液压控制元件相似，仅在结构上有些差异。本项目简单介绍气源装置和各种气动控制元件的结构、工作原理以及应用，为气动系统分析奠定基础。

【项目目标】

知识目标：

① 掌握气源装置的组成、工作原理及图形符号；
② 掌握方向控制阀、压力控制阀和流量控制阀的工作原理和应用；
③ 掌握常用的方向控制回路、压力控制回路和调速回路；
④ 了解气动元件的维护与保养。

能力目标：

① 会识读气动元件的图形符号；
② 能合理选取气动元件设计气动回路；
③ 会进行气动回路的组装与调试。

【相关知识】

一、气源装置与辅助元件

驱动各种气动执行元件工作的动力是由气源装置提供的，气源装置的主体是空气压缩机。由于空气压缩机产生的压缩空气所含的杂质较多，不能直接供给气动执行元件使用，因此通常所说的气源装置还包括气源净化装置。图 10-1 为一般压缩空气站的设备组成和布置示意图。

（一）空气压缩机

1. 空气压缩机的功用与工作原理

空气压缩机是将机械能转换成气体压力能的装置。

图 10-2 为活塞式空气压缩机的工作原理。曲柄作回转运动，通过连杆、活塞杆带动气缸活塞作直线往复运动，完成吸气、排气过程。

吸气过程：如图 10-2(a) 所示，当活塞向右运动时，气缸内容积增大而形成局部真空，吸气阀打开，空气在大气压作用下由吸气阀进入气缸腔内。

压缩（排气）过程：如图 10-2(b) 所示，当活塞向左运动时，吸气阀关闭，随着活塞的左移，缸内空气受到压缩而使压力升高，在压力达到足够高时，排气阀即被打开，压缩空气进入排气管内。

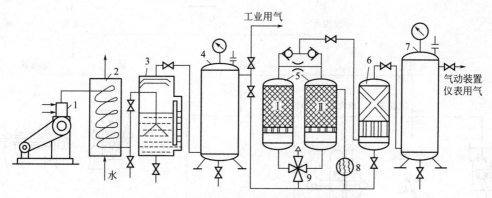

图 10-1　压缩空气站的设备组成和布置示意图

1—空气压缩机；2—后冷却器；3—油水分离器；4,7—排气罐；

5—空气干燥器；6—过滤器；8—加热器；9—四通阀

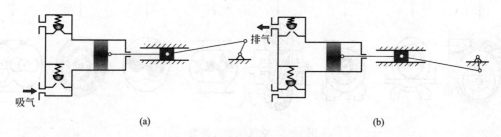

图 10-2　空气压缩机工作原理

图 10-2 中仅表示了一个活塞一个缸的空气压缩机，大多数空气压缩机是多缸多活塞的组合。

2. 空气压缩机的结构类型

空气压缩机按工作原理可分成容积型和速度型。容积型空气压缩机通过缩小气体的容积来提高气体的压力；速度型空气压缩机是气体依靠高速旋转叶轮的作用，得到较大的动能，随后在扩压装置中急剧降速，使气体的动能转变成势能，从而提高气体压力。空气压缩机具体分类如图 10-3 所示。下面介绍几种常用的空气压缩机。

（1）活塞式压缩机　单级活塞式压缩机只有一个行程就将吸入的空气压缩到所需的压力。若压缩空气压力超过 6MPa，产生的过热将大大地降低压缩机的效率，因此工业中使用的活塞式压缩机通常是两级的，压缩空气通过中间冷却器后温度大大下降后，再进入第二级气缸。

（2）膜片式压缩机　膜片式压缩机依靠膜片使气室容积发生变化来进行空气的压缩，能提供 5bar 的压缩空气。由于它完全没有油，因此广泛用于仪器、医药和对环境卫生要求较高的行业中。

（3）螺杆式压缩机　两个吻合的螺旋转子以相反方向运动，它们当中自由空间的容积沿轴向减少，从而压缩流经转子间的空气。利用喷油来润滑和密封两旋转的螺杆，再用油水分离器将油与输出空气分开。

（4）轴流式压缩机　气体沿着平行于轴流式空气压缩机旋转轴的方向流动，在进气导流叶片排作用下，气体产生很高速度，而当气体流过轴流式空气压缩机的每一级时，气体的流动速度就逐渐减慢，从而使气体的压力得到提高。

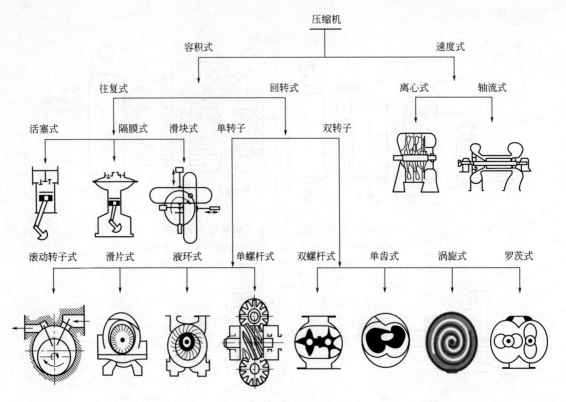

图 10-3　空气压缩机类型

（5）涡旋式压缩机　涡旋式压缩机是由一个固定的渐开线涡旋盘和一个呈偏回旋平动的渐开线运动涡旋盘组成可压缩容积的压缩机。其结构简单、零件少、效率高、可靠性好，尤其是其低噪声、长寿命等诸方面大大优于其他类型的压缩机，已经得到压缩机行业的关注和公认。由于涡旋式压缩机的独特设计，使其成为当今世界最节能压缩机，被誉为"环保型压缩机"。又因其运行平稳、振动小、工作环境安静，被誉为"超静压缩机"。

3. 空气压缩机的选用

选用空气压缩机的根据是气压传动系统所需要的工作压力和流量两个主要参数。

（1）压力　空压机按照输出压力大小可分为低压空压机、中压空压机、高压空压机和超高压高压机。

低压：0.2～1MPa。

中压：1～10MPa。

高压：10～100MPa。

超高压：大于100MPa。

一般气动系统工作压力为0.5～0.8MPa，选用额定排气压力为0.7～1MPa的低压空压机即可。

（2）流量　空压机按照输出流量（排量）可分为微型、小型、中型和大型空压机。

微型：小于 $1m^3/min$。

小型：$1～10m^3/min$。

中型：$10～100m^3/min$。

大型：大于 $100m^3/min$。

空压机铭牌上排气量是自由空气（标准大气压下）排气量，选用时可参考供气量经验公式(10-1)

$$q = \varphi K_1 K_2 \sum_{i=1}^{n} q_{zi} \tag{10-1}$$

式中　q——空气压缩机的排气量，m^3/s；

　　　q_z——一台设备需要的平均自由空气耗气量，m^3/s；

　　　n——气动设备台数（包括所有气缸和气动马达）；

　　K_1——漏损系数，一般 $K_1=1.15\sim1.5$，风动工具多时取大值；

　　K_2——备用系数，$K_2=1.3\sim1.6$；

　　　φ——利用系数，同类气动设备较多时，有的设备在耗气，有的还未使用，所以要考虑利用系数。利用系数 φ 由图 10-4 查取。

（二）储气罐

储气罐的作用是消除由于空气压缩机断续排气而对系统引起的压力波动，保证输出气流的连续性和平稳性；同时储存一定数量的压缩空气，以备发生故障或临时需要应急使用；还能进一步分离压缩空气中的油、水等杂质。储气罐一般采用圆筒状焊接结构，有立式和卧式两种，一般以立式居多，其结构如图 10-5 所示。进气管在下、出气管在上，并应尽可能加大两管之间的距离，以利于进一步分离空气中的油、水等杂质，储气罐高度 H 可为内径 D 的 $2\sim3$ 倍。罐上设安全阀及压力表，其调整压力为工作压力的110%。底部设排放油、水的阀，并定时排放。储气罐应布置在室外、人流量较少及阴凉处。

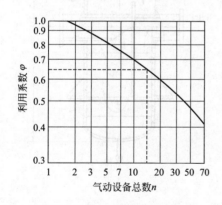

图 10-4　气动设备利用系数

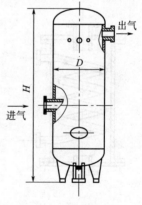

图 10-5　储气罐结构

（三）气源净化装置

1. 气源净化装置的作用

在气压传动中使用的低压空气压缩机多用油润滑，由于它排出的压缩空气温度一般在 $140\sim170℃$ 之间，使空气中的水分和部分润滑油变成气态，再与吸入的灰尘混合，便形成了水汽、油气和灰尘等混合杂质。如果将含有这些杂质的压缩空气直接输送给气动设备使用，会给整个系统带来下列负面影响：

（1）油气聚集在储气罐内，形成易燃物，有时甚至是爆炸混合物。同时油分被高温气化后形成一种有机酸，对金属设备有腐蚀作用。

（2）由于水、油、尘埃的混合物沉积在管道内，使管道流通面积减小，增大了气流阻力或者造成堵塞，致使整个系统工作不稳定。

（3）在冰冻季节，水汽凝结后会使管道和辅件因冻结而损坏。

（4）压缩空气中的灰尘等物质，对有相对运动零件的元件产生研磨作用，使之磨损严重，泄漏增加，影响它们的使用寿命。

由此可见，在气动控制系统中，设置除水、除油、除尘和干燥等气源净化装置对保证气动系统正常工作是十分必要的。在某些特殊场合，压缩空气还需经过多次净化后方能使用。

2. 气源净化装置的类型

（1）后冷却器 将空气压缩机排出的气体由 140～170℃ 降至 40～50℃，使压缩空气中的油雾和水汽迅速达到饱和，大部分析出并凝结成水滴和油滴，以便经油水分离器排出。后冷却器一般采用水冷热换方式，它采用压缩空气在管内流动、冷却水在管外流动的冷却方式，结构简单，因而应用广泛。图 10-6 为蛇管式后冷却器结构。

（2）油水分离器 油水分离器的作用是分离并排除压缩空气中凝聚的水分、油分和灰尘等杂质。其结构形式有回转式、撞击并折回式、离心旋转式、水浴式及以上形式的组合使用等。经常采用的是使气流撞击并产生环形回转流动的撞击并折回式油水分离器，其结构如图 10-7 所示。当压缩空气由入口进入分离器壳体后，气流受到隔板阻挡而被撞击折回向下，之后又上升并产生环形回转。这样，凝聚在压缩空气中密度较大的油滴和水滴受惯性力作用分离析出，沉降于壳体底部，并由放水阀定期排出。

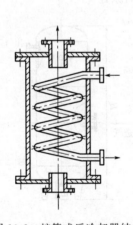

图 10-6 蛇管式后冷却器结构

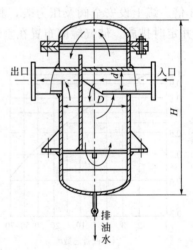

图 10-7 撞击并折回式油水分离器结构

（3）空气干燥器 气动系统控制和操作元件的温度通常为室温。但离开后冷却器的空气温度比管路输送的环境温度高，在输送的过程中将进一步冷却压缩空气，还有水蒸气凝结成水。

空气干燥器干燥空气的方法是降低露点法，完全使湿气达到饱和（即 100% 相对湿度），露点越低，留在压缩空气中的水分就越少。空气干燥器主要有吸收式、吸附式和冷冻式三种形式。

吸收干燥法是一个纯化学过程。在干燥罐中，压缩空气中水分与干燥剂发生反应，使干燥剂溶解。液态干燥剂可从干燥罐底部排出。根据压缩空气温度、含湿量和流速，必须及时填满干燥剂。

吸附干燥法可获得最低露点可达－90℃。在吸附干燥法中，压缩空气中水分被吸附剂吸收，从而达到干燥压缩空气的目的。这种方法所用吸附剂可再生。

冷冻式原理与空调机相似，包含一个冷冻回路和两个热交换器。冷冻式干燥机是根据冷冻除湿原理，将压缩空气强制通过蒸发器进行热交换而降温，使压缩空气中气态的水和油经过等压冷却，凝结成液态的水滴和油滴，通过自动排水器排出系统外，从而获得清洁的压缩空气。

（四）气动三联件

过滤器、减压阀和油雾器一起被称为气动三大件。三大件是无管连接而成的组件，故称为三联件。三联件是气动系统中不可缺少的气源装置，安装在用气设备近处，是压缩空气质量的最后保证。三联件的安装顺序依进气方向分别为过滤器、减压阀和油雾器。在使用中可以根据实际要求采用一件、两件或三件，也可多于三件。

1. 过滤器

过滤器的作用是滤去空气中的灰尘和杂质，并将空气中的水分分离出来。一般包括一次过滤器（简易空气过滤器）和二次过滤器（分水滤气器）。

一次过滤器为粗过滤器，一般安装在主要管路中，用于清除管路内的灰尘、水分和油，这种过滤器一般是快速更换型滤芯，滤芯由合成纤维制成，过滤精度一般为3～5um。

分水滤气器为精过滤器，其结构原理如图10-8所示。压缩空气从输入口进入后被引进旋风叶片1，旋风叶片上冲制有很多小缺口，迫使空气沿切线方向产生强烈的旋转，使混杂在空气中的杂质获得较大的离心力。从气体中分离出来的水滴、油滴和灰尘沿存水杯3的内壁流到水杯的底部，并定期从排水阀5放掉。气体经过离心旋转后还要经滤芯2进一步过滤，然后从输出口输出。挡水板4是为防止杯中污水被卷起破坏滤芯的过滤作用而设置的。

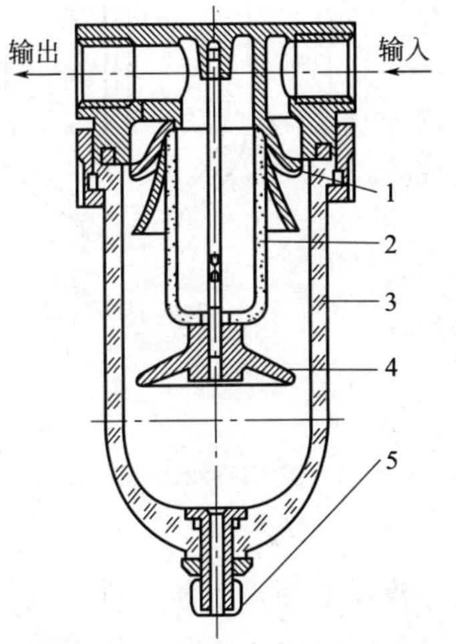

图10-8　分水滤气器结构原理
1—旋风叶片；2—滤芯；3—存水杯；
4—挡水板；5—排水阀

2. 减压阀

气动减压阀起减压和稳压作用，其工作原理与液压系统中的减压阀相同，这里不再赘述。

3. 油雾器

气动控制系统中的各种阀和气缸都需要润滑，如气缸的活塞在缸体中作往复运动，若没有润滑，活塞上的密封圈很快就会磨损，影响系统的正常工作，因此必须给系统进行润滑。油雾器是一种特殊的注油装置，它以压缩空气为动力，将润滑油喷射成雾状并混合于压缩空气中，随着压缩空气进入需要润滑的部位，达到润滑气动元件的目的。目前，气动控制阀、气缸和气动电动机主要是靠这种带有油雾的压缩空气来实现润滑的，其优点是方便、干净、润滑质量高。

图10-9所示为普通型油雾器的结构。压缩空气从输入口1进入后，通过小孔3进入特殊单向阀［由阀座5、钢球12和弹簧13组成，其工作情况如图10-9(c)、(d)、(e)所示］阀座的腔内，如图10-9(d)所示。在钢球12的上表面形成压力差，此压力差被弹簧13的部

分弹簧力所平衡，而使钢球处于中间位置。因而压缩空气就进入到储油杯 6 的上腔 A，油面受压，压力油经过吸油管 10 将单向阀 9 的钢球托起，钢球上部管道有一个边长小于钢球直径的四方孔，使钢球不能将上部管道封死，压力油能不断流入视油器 8 内，到达喷嘴小孔 2 中，被主通道中的气流从小孔 2 中引射出来，雾化后从输出口 4 输出。视油器上部的节流阀 7 用于调节油滴量，可在 0～200 滴/min 范围内调节。

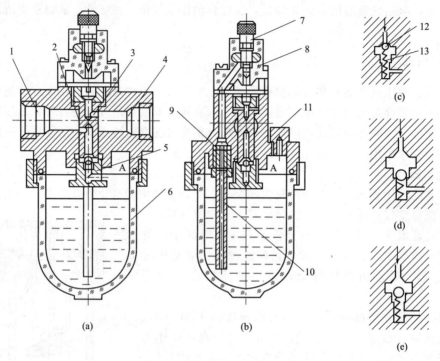

图 10-9　固定节流式普通型油雾器

1—输入口；2,3—小孔；4—输出口；5—阀座；6—储油杯；7—节流阀；8—视油器；9—单向阀；
10—吸油管；11—油塞；12—钢球；13—弹簧

普通型油雾器能在进气状态下加油，这时只要拧松油塞 11 后，A 腔与大气相通而压力下降，同时输入进来的压缩空气将钢球 12 压在阀座 5 上，切断压缩空气进入 A 腔的通道。又由于吸油管中单向阀 9 的作用，压缩空气也不会从吸油管倒灌到储油杯中，所以就可以在不停气状态下向油塞口加油。加油完毕，拧上油塞，特殊单向阀又恢复工作状态，油雾器重新开始工作。

储油杯一般用透明的聚碳酸酯制成，能清楚地看到杯中的储油量和清洁程度，以便及时补充与更换。视油器用透明的有机玻璃制成，能清楚地看到油雾器的油滴情况。

（五）消声器

气动装置的噪声一般都比较大，尤其当压缩气体直接从气缸或换向阀排向大气时，由于阀内的气路复杂且又十分狭窄，压缩空气以接近声速（340m/s）的流速从排气口排向大气，较高的压差使气体体积急剧膨胀，产生涡流，引起气体的震动，产生强烈的噪声，一般可达 100～120dB（噪声高于 90dB 时必须设法降低），危害人的健康，使作业环境恶化，工作效率降低。为消除和减弱这种噪声，应在气动装置的排气口安装消声器。消声器是通过对气流的阻尼、增加排气面积和使用吸声材料等方法，达到降低噪声的目的。常见的有吸收型、膨胀干涉型和膨胀干涉吸收型三种形式。

1. 吸收型消声器

吸收型消声器主要利用吸声材料（玻璃纤维、毛毡、泡沫塑料、烧结金属、烧结陶瓷以及烧结塑料等）来降低噪声。在气体流动的管道内固定吸声材料，或按一定方式在管道中排列。如图 10-10 所示，当气流通过消声罩 1 时，气流受阻，声能量被部分吸收转化为热能，可使噪声降低约 20dB。吸收型消声器主要用于消除中高频噪声，特别对刺耳的高频声波消声效果更为显著，在气动系统中广为应用。

2. 膨胀干涉型消声器

膨胀干涉型消声器结构简单，相当于一段比排气孔径大的管件。当气流通过时，让气流在管道里膨胀、扩散、反射、相互干涉而消声，主要用于消除中、低频噪声，尤其是低频噪声。

3. 膨胀干涉吸收型消声器

膨胀干涉吸收型消声器是综合上述两种消声器的特点而构成的。其结构如图 10-11 所示，气流由端盖上的斜孔引入，在 A 室扩散、减速、碰撞撞击后反射到 B 室，气流束互相冲撞、干涉，进一步减速，并通过消声器内壁的吸声材料排向大气。这种消声器消声效果好，低频可消声 20dB，高频可消声 45dB 左右。

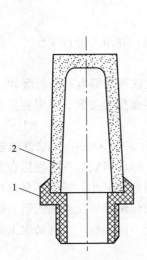

图 10-10　吸收型消声器的结构示意图

1—消声罩；10—连接螺钉

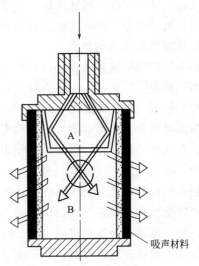

图 10-11　膨胀干涉吸收型消声器

（六）气源净化装置和辅助元件的图形符号

气源净化装置和辅助元件的图形符号如图 10-12 所示。

二、气动执行元件

（一）气缸

1. 气缸的分类

气缸是把压缩空气的压力能转换成往复运动机械能的执行元件。根据使用条件不同，其

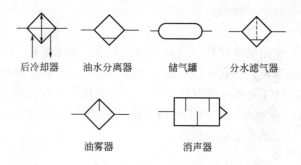

后冷却器　　油水分离器　　储气罐　　分水滤气器

油雾器　　　消声器

图 10-12　气源净化装置和辅助元件的图形符号

结构、形状也有多种形式。其分类方法也很多，常用的有以下几种：

（1）按活塞端面上受压状态分为单作用气缸和双作用气缸。

（2）按结构特征分为活塞式气缸、柱塞式气缸、叶片式摆动气缸、膜片式气缸、气-液阻尼缸等。

（3）按功能分为普通气缸和特殊功能气缸。普遍气缸一般指活塞式单作用气缸和双作用气缸，用于无特殊要求的场合。特殊功能气缸用于有特殊要求的场合，如气-液阻尼缸、膜片式气缸、冲击气缸、回转气缸、伺服气缸、数字气缸等。

（4）按外形分为标准气缸和特殊外形气缸。

2. 标准气缸的结构特点

标准气缸的结构和参数都已标准化、系列化、通用化，并由专业厂家生产。标准气缸又可分为三种类型，在结构上各有特点，现分述如下：

（1）轻型气缸　其缸径一般为 32～63mm。这种气缸在两端都有充分的缓冲。缓冲等级可根据需要调节。中速运动可以做到无振动。这种气缸主要用于夹紧、固定装置和一般小型工程，在这些工程中，行程很短，使用次数有限。

（2）中型气缸　这种是最通用的气缸，其缸径范围为 32～320mm。端盖和轴承座通常为高强度铝合金或锌合金压铸件。活塞一般为整体或三个部件组成的高强度铝合金件，有时由玻璃纤维增强塑料等材料代用。轴承面经常采用加润滑剂的尼龙。活塞杆和拉杆材料为不锈钢。轴承座通常与端盖组成一体。缸筒材料为冷拉钢或经阳极氧化处理的铝。铝质缸筒的活塞组件可使用一块扇形磁铁。标准等级的中型气缸用于一般工程，如自动加工成套设备中的专用机床的大型夹紧装置。

（3）重型气缸　其缸径范围一般为 50～320mm。重型气缸具有特殊精加工表面、加长活塞杆和附加缓冲器。端盖材料一般为铸铁或低碳钢，有些小缸径气缸端盖为锌合金。活塞大多是铸铁或铸钢件，由三个部分组成，以适应锁紧螺母的要求。轴承座往往与前端盖组成一体，也有采用分离轴承座。轴承座常常是黄铜锻件，轴承一般为青铜铅基材料。活塞杆一般经镀铬硬化处理。拉杆为不锈钢件，活塞杆防尘圈和压盖密封采用耐磨材料。为了维修方便，常采用螺纹挡圈。缸筒常为冷拉钢管，内表面镀铬。这种气缸构造特别坚固，常用于矿山、采石场、钢铁厂、铸造厂和高速加工机械等恶劣场合中。

3. 气缸使用注意事项

（1）气缸一般正常工作的环境温度为 −35～80℃。

（2）安装前应在 1.5 倍工作压力下进行试验，不应漏气。

（3）除无油润滑气缸外，装配时所有相对运动工作表面应涂以润滑脂。

（4）安装的气源进口处必须设置油雾器对气缸进行润滑，不允许用油润滑时，可采用无油润滑气缸。在灰尘大的场合，运动件处应设防尘罩。

（5）安装时注意活塞杆应尽量承受拉力载荷，承受推力载荷时应尽可能使载荷作用在活塞杆的轴线上。活塞杆不允许承受偏心或横向载荷。

（6）在行程中载荷有变化时，应使用输出力充裕的气缸，并要附设缓冲装置。在开始工作前，应将缓冲节流阀调至缓冲阻尼最小位置，气缸正常工作后，再逐渐调节缓冲节流阀，增大缓冲阻尼，直到满意为止。

（7）多数情况下不使用满行程，特别是当活塞杆伸出时，不要使活塞与缸盖相碰。

（8）要针对各种不同形式的安装要求正确安装，这是保证气缸正常工作的前提。

（二）气动马达

1. 气动马达的分类

气动马达是将压缩空气的压力能转换成机械能的又一执行元件，它能输出一定的转速和转矩。气动马达按结构形式可分为叶片式、活塞式和齿轮式等。最常用的是叶片式和活塞式气马达。叶片式气马达制造简单、结构紧凑，但低速启动转矩小，低速性能不好，适宜要求低或中功率的机械，目前在矿山机械和风动工具中应用普遍；活塞式气马达在低速情况下有较大的输出功率，低速性能好，适宜载荷较大和要求低速、大转矩的场合，如起重机、绞车绞盘、拉管机等，但其结构复杂，机器重量与输出功率之比较大。

2. 叶片式气动马达的工作原理及特性

图 10-13（a）为叶片式气动马达的工作原理。它的主要结构和工作原理与叶片式液压马达相似。径向有 3～10 个叶片的转子偏心安装在定子内，转子两侧有前后端盖（图中未画出），叶片在转子的径向槽内可自由滑动。叶片底部通压缩空气，转子转动时靠离心力和叶片底部气压将叶片压紧在定子内表面上，形成密封的工作腔。定子内有半圆形的切沟，提供压缩空气及排出废气。当压缩空气从 A 口进入定子腔内，会使叶片带动转子逆时针旋转，产生旋转力矩，废气从排气口 C 排出，而定子腔内残余气体则经 B 口排出。气马达图形符号如图 10-13（b）所示。

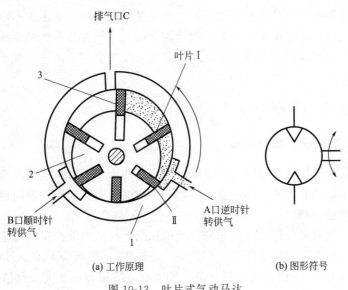

排气口C

叶片 I

3

2

B口顺时针
转供气

A口逆时针
转供气

II

1

(a) 工作原理　　　　　　　　　　(b) 图形符号

图 10-13　叶片式气动马达

气动马达的有效转矩与叶片伸出的面积及其供气压力有关。叶片数目多，输出转矩虽然较均匀，且压缩空气的内泄漏减小，但减小了有效工作腔容积，所以叶片数目应选择适当。为了增强密封性，在叶片式气动马达启动时，叶片靠弹簧或压缩空气顶出，使其紧贴在定子内表面上。随着气动马达转速增加，离心力进一步把叶片紧压在定子内表面上。

3. 气动马达的特点和应用

由于使用压缩空气作工作介质，气动马达有以下特点：

（1）可以无级调速。只要控制进气量，就能调节气动马达的输出功率和转速。

（2）可以双向回转。只要改变进排气方向，就能实现气动马达输出轴的正转和反转，而且瞬时换向时冲击很小。

（3）有过载保护作用。过载时气动马达只是转速降低或停车，过载消除后可立即恢复工作，不会产生故障。

（4）工作安全。适宜于恶劣的工作环境，在易燃、易爆、高温、潮湿、振动、粉尘等不利条件下均能正常工作。

（5）具有较高的启动转矩。可以直接带负载启动，启、停迅速。

（6）输出功率相对较小，最大只有 20kW 左右，转速范围较宽，可从 0r/min 到 5000r/min。

（7）耗气量大，所需气源容量大，效率低，噪声大。

（8）工作可靠，维修简单，可长时间满载连续运行，温升较小，操纵方便。

由于气动马达具有以上特点，因此气动马达适用于要求安全、无级调速、经常改变旋转方向、启动频繁以及防爆、带负载启动、有过载可能的场合；适用于恶劣工作条件，如高温、潮湿以及不便于人工直接操作的场合；适用于瞬时启动和制动或可能经常发生过负载的情况。目前气动马达主要应用于矿山机械、专业性成批生产的机械制造业、油田、化工、造纸、冶金、电站等行业，建筑、筑路、建桥、隧道开凿等工程中。许多气动工具如风钻、风扳手、风动砂轮、风动铲等均装有气动马达。随着气动技术的发展，气动马达的应用将更加广泛。

气动马达在使用中必须得到良好的润滑。润滑是气动马达正常工作不可缺少的一环，良好的润滑可保证气动马达在检修期内长时间运转无误。一般在整个气动系统回路中，在气动马达操纵阀前设置油雾器，并按期补油，使油雾混入压缩空气后再进入气动马达，从而达到充分润滑。

三、气动控制元件的识别与应用

（一）方向控制阀的识别与应用

方向控制阀是气动控制回路中用来控制压缩空气的流动方向和气流的通断，以控制执行元件启动、停止及运动方向的气动控制元件。分单向型方向控制阀和换向型方向控制阀。

1. 单向型方向控制阀

（1）单向阀　气动单向阀的工作原理、结构和图形符号与液控单向阀基本相同，只不过在气动单向阀中，阀芯和阀座之间有一层胶垫（密封垫），其结构如图 10-14（a）所示，图形符号如 10-14（b）所示。单向阀主要用于防止气体倒流的场合，在大多数情况下与节流阀组合来控制气缸的运动速度。

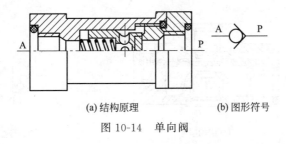

(a) 结构原理　　　　　　　(b) 图形符号

图 10-14　单向阀

(2) 或门型梭阀　在气压传动系统中，当两个通路 P_1 和 P_2 均与通路 A 相通，而不允许 P_1 和 P_2 相通时，可采用或门型梭阀。或门型梭阀相当于共用一个阀芯而无弹簧的两个单向阀的组合，其作用相当于逻辑元件中的"或门"，在气动系统中应用较广。或门型梭阀工作原理如图 10-15(a)、(b) 所示，当 P_1 口进气时，推动阀芯右移，使 P_2 口封闭，压缩空气从 A 口输出；当 P_2 口进气时，推动阀芯左移，使 P_1 口封闭，A 口仍有压缩空气输出。只要 P_1 或 P_2 有压缩空气输入时，A 口就会有压缩空气输出；当 P_1、P_2 口都有压缩空气输入时，按压力加入的先后顺序和压力的大小而定，若压力不同，则高压口的通路打开，低压口的通路关闭，A 口输出高压口压缩空气。其图形符号如图 10-15(c) 所示。

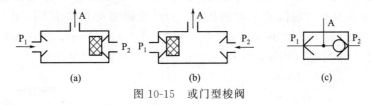

(a)　　　　　　　　(b)　　　　　　　　(c)

图 10-15　或门型梭阀

(3) 与门型梭阀　与门型梭阀也相当于两个单向阀的组合（又称双压阀），其作用相当于逻辑元件中的"与门"，即当两控制口 P_1、P_2 均有输入时，A 口才有输出，否则均无输出；当 P_1、P_2 气体压力不等时，则气压低的通过 A 口输出。其工作原理和结构如图 10-16(a)、(b)、(c) 所示，其图形符号如图 10-16(d) 所示。

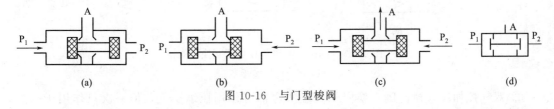

(a)　　　　　　　(b)　　　　　　　(c)　　　　　　　(d)

图 10-16　与门型梭阀

(4) 快速排气阀　快速排气阀又称快排阀，其作用是使气缸快速排气，并加快气缸运动速度。它一般安装在换向阀和气缸之间。如图 10-17(a) 所示为膜片式快速排气阀，当 P 口进气时，推动膜片向下变形，打开 P 与 A 的通路并关闭 O 口；当 P 口无进气时，A 口的气体推动膜片向上复位，关闭 P 口，A 口气体经 O 口快速排出。其图形符号如图 10-17(b) 所示。

2. 换向型方向控制阀

换向型方向控制阀简称换向阀，其功用是改变气体通道使气体流动方向发生变化从而改变气动执行元件的运动方向。换向型方向控制阀按控制方式分为气压控制阀、气压延时控制阀、电磁控制阀、机械控制阀、人力控制阀和时间控制阀等。下面主要介绍气压控制阀和气压延时控制阀。

(1) 气压控制阀　气压控制换向阀是利用压缩空气的压力推动阀芯移动，使换向阀换

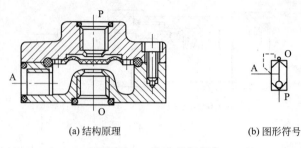

(a) 结构原理   (b) 图形符号

图 10-17 快速排气阀

向，从而实现气路换向或通断。气压控制换向阀适用于易燃、易爆、潮湿、灰尘多的场合，操作时安全可靠。气压控制换向阀按其控制方式不同可分为加压控制、卸压控制和差压控制三种。

加压控制是指所加的控制信号是逐渐上升的，当气压增加到阀芯的动作压力时，阀芯移动进行换向。卸压控制是利用逐渐减小作用在阀芯上的气控信号压力而使阀换向的一种控制方法。压差控制是利用控制气压在面积不等的活塞上产生的压差使阀换向的一种控制方法。

① 单气控加压式换向阀。利用压缩空气的压力与弹簧力相平衡的原理来进行控制。图 10-18(a) 所示为没有控制信号 K 时的状态，阀芯在弹簧及 P 腔压力作用下处于上端，A 口与 O 口接通，P 口封闭，阀处于排气状态。如图 10-18(b) 所示，当输入控制信号 K 时，主阀芯下移，使 A 口与 P 口相通，O 封闭。图 10-18(c) 为其图形符号。

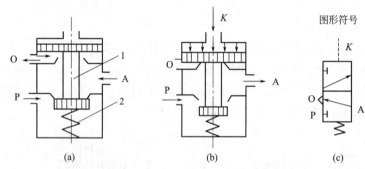

(a)   (b)   (c)

图 10-18 二位三通单气控加压式换向阀
1—阀芯；2—弹簧

② 双气控加压式换向阀。换向阀阀芯两边都可作用压缩空气，但一次只作用于一边，这种换向阀具有记忆功能，即控制信号消失后，阀仍能保持在信号消失前的工作状态。如图 10-19(a) 所示，当有气控信号 K_1 时，阀芯停在左侧，其通路状态是 P 口与 A 口、B 口与 T_2 口相通。图 10-19(b) 所示为有气控信号 K_2 的状态（信号 K_1 已消失）阀芯移动换位，其通路状态变为 P 口与 B 口、A 口与 T_1 口相通。其图形符号如图 10-19(c) 所示。

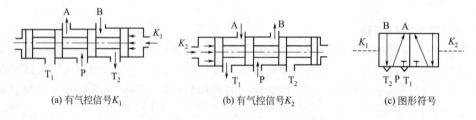

(a) 有气控信号 K_1 (b) 有气控信号 K_2 (c) 图形符号

图 10-19 双气加压式换向阀工作原理

（2）气压延时换向阀　气压延时换向阀是一种带有时间信号元件的换向阀，由气容 C 和一个单向节流阀组成，用它来控制主阀换向，其作用相当于时间继电器。如图 10-20（a）所示，当 K 口通入信号气流时，气流通过节流阀 1 的节流口进入气容 C，经过一定时间后，使主阀芯 4 左移而换向。调节节流口的大小可控制主阀延时换向的时间，一般延时时间为几分之一秒至几分钟。当去掉信号气流后，气容 C 经单向阀快速排气，主阀芯在左端弹簧作用下返回右端。其图形符号如图 10-20（b）所示。

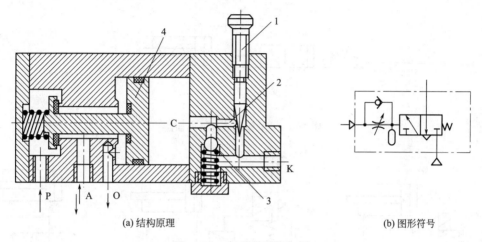

(a) 结构原理　　　　　　　　　　　　　　　(b) 图形符号

图 10-20　气压延时换向阀

1—节流阀；2—恒节流孔；3—单向阀；4—主阀芯

3. 基本换向回路

在气动系统中，执行元件的启动、停止和改变运动方向是利用控制进入执行元件的压缩空气的通、断或变向来实现的，这些控制回路称为换向回路。

（1）单作用气缸换向回路　气缸活塞杆运动的一个方向靠压缩空气驱动，另一个方向靠外力（重力、弹簧力等）驱动，一般常用二位三通阀控制。如图 10-21（a）所示为二位三通电磁阀控制的气缸换向回路。电磁铁得电时，气缸向上伸出；断电时，气缸靠弹簧作用下降至原位。该回路比较简单，但对由气缸驱动的部件有较高的要求，以便气缸活塞能可靠退回；图 10-21（b）所示为用两个二位二通电磁阀代替图 10-21（a）中的二位三通电磁阀；如图 10-21（c）所示为三位三通电磁阀控制的单作用气缸换向回路，气缸活塞可在任意位置停留，但由于存在泄漏，其定位精度不高。

（2）双作用气缸换向回路　双作用气缸换向回路是指通过控制气缸两腔的供气和排气来实现气缸的伸出和缩回动作的回路，一般常用二位五通换向阀控制。

双作用气缸换向回路如图 10-22 所示。图 10-22（a）为二位五通电磁阀控制的换向回路。图 10-22（b）为二位五通单气控换向阀控制的换向回路，气控换向阀由二位三通手动换向阀控制切换。图 10-22（c）为双电控换向阀控制的换向回路，由于双电控二位换向阀具有记忆功能，如果气缸在伸出的途中突然失电，气缸仍将保持原来的位置状态。而单电控换向阀则立即复位，气缸自动缩回。如气缸用于夹紧机构。考虑到失电保护控制，则选用双电控阀为好。该回路换向电信号可为短脉冲信号，电磁铁发热少，具有断电保持功能。图 10-22（d）为双气控换向阀控制的换向回路，主阀由两侧的两个二位三通手动阀控制，手动阀可远距离控制，但两阀必须协调动作，不能同时按下。图 10-22（e）为三位五通电磁换向阀控制的换向回路，当电磁铁 1YA 得电时，换向阀左位参与工作，气压进入气缸无杆腔气缸伸出，电

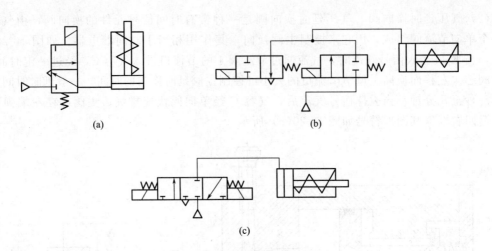

(a)

(b)

(c)

图 10-21 单作用气缸换向回路

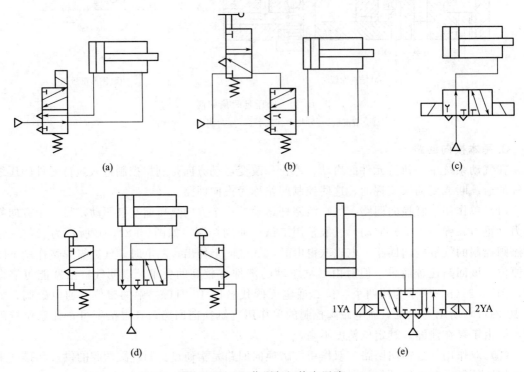

(a)

(b)

(c)

(d)

(e)

图 10-22 双作用气缸换向回路

磁铁 2YA 得电时，换向阀右位参与工作，气压进入气缸有杆腔气缸缩回至原位。该回路可控制双作用缸换向，还可使活塞在任意位置停留，但定位精度不高。

（二）压力控制阀的识别与应用

在气动系统中，用于控制和调节压力大小的元件，称为压力控制阀。包括安全阀（溢流阀）、减压阀（调压阀）、顺序阀等。

1. 溢流阀

溢流阀是保持进口压力为规定值，当系统压力超过调定值时，使部分气体排出的阀，又称安全阀。

安全阀的工作原理如图10-23所示，当系统中气体作用在阀芯3上的压力小于弹簧2的力时，阀处于关闭状态。当系统压力升高，作用在阀芯3上的压力大于弹簧力时，阀芯上移并溢流，使气压下降。当系统压力降至调定范围以下，阀口又重新关闭。安全阀的开启压力可通过调整弹簧2的预压缩量来调节。

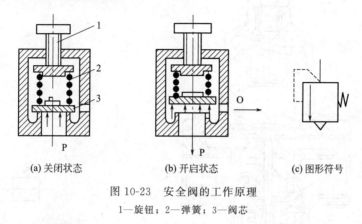

(a) 关闭状态　　　　(b) 开启状态　　　　(c) 图形符号

图 10-23　安全阀的工作原理
1—旋钮；2—弹簧；3—阀芯

2. 减压阀

减压阀的作用是将较高的进口压力调至较低的出口压力，并将压力稳定在调定的数值上。减压阀有直动式和先导式两类。

图10-24(a) 所示为直动式减压阀的结构。当阀处于工作状态时，调节旋钮1，压缩弹簧2、3及膜片5使阀芯8向下移动，进气阀口10被打开，气流从左端输入，经阀口10节流减压后从右端输出。输出气流的一部分，通过阻尼管7进入膜片气室6，对膜片5产生向上的推力，使阀口开度减小，出口压力降低。当作用在膜片上的推力与弹簧力相平衡后，减压阀的出口压力为定值。

当输入压力发生波动时，如输入压力瞬时升高，输出压力也随之升高，作用在膜片上的气体推力也增大，使膜片5向上移动，有少量气体经溢流孔12、排气孔11排出。膜片上移的同时，在复位弹簧的作用下，使阀芯8也向上移动，进气口开度减小，节流作用增大，使输出压力下降，直至达到新的平衡，并基本稳定至预先调定的压力值。若输入压力瞬时下降，输出压力相应下降，膜片下移，进气阀口开度增大，节流作用减小，输出压力又基本回升至原设定值。图10-24(b) 所示为减压阀的图形符号。

3. 顺序阀

顺序阀是依靠气压系统中压力的变化来控制执行元件按顺序动作的压力控制阀。顺序阀常与单向阀组合在一起使用，称为单向顺序阀。图10-25所示为单向顺序阀的工作原理。当压缩空气由P口输入时，单向阀4处于关闭状态，当作用在活塞3输入侧的空气压力超过弹簧2的预紧力时，活塞被顶起，顺序阀打开，压缩空气由A口输出，如图10-25(a) 所示；当压缩空气反向流动时，进气压力将单向阀打开，由O口排气，如图10-25(b) 所示。调节手柄1就可改变单向顺序阀的开启压力，以便在不同的开启压力下，控制执行元件的顺序动作。图10-25(c) 所示为图形符号。

4. 压力控制回路

用来调节和控制系统压力的回路称为压力控制回路。

(1) 一次压力控制回路　一次压力控制回路用来控制储气罐的压力，使其不超过所设定的压力。如图10-26所示一次压力控制回路，用外控溢流阀来控制供气压力基本恒定。

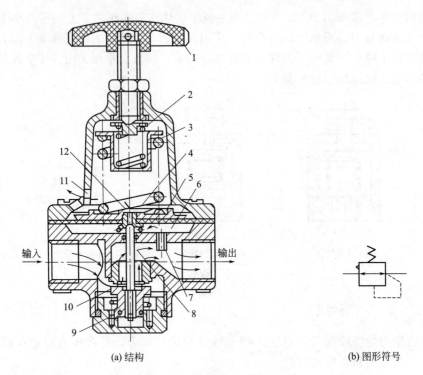

(a) 结构   (b) 图形符号

图 10-24　直动式减压阀的结构

1—旋钮；2，3—弹簧；4—溢流阀座；5—膜片；6—膜片气室；7—阻尼管；8—阀芯；

9—复位弹簧；10—进气阀口；11—排气孔；12—溢流孔

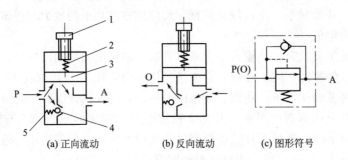

(a) 正向流动   (b) 反向流动   (c) 图形符号

图 10-25　单向顺序阀的工作原理

1—手柄；2—压缩弹簧；3—活塞；4—单向阀；5—小弹簧

若储气罐内压力超过规定值时，溢流阀开启，压缩机输出的压缩空气由溢流阀 1 排入大气，使储气罐内压力保持在规定范围内。用电接点压力表 2 控制压缩机的停止或转动，这样也能保证储气罐内压力在规定的范围内。

采用溢流阀控制时，结构简单、工作可靠，但气量损失较大；采用电接点压力表控制时，对电动机及控制要求较高，故常用于小型压缩机。

（2）二次压力控制回路　图 10-27（a）所示为二次压力控制回路，主要是控制气动系统二次压力，回路由分水滤气器、减压阀、

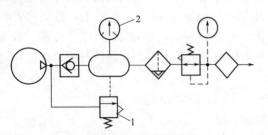

图 10-26　一次压力控制回路

1—溢流阀；2—电接点压力表

油雾器组成，通常称为气动三联件。分水滤气器用于除去压缩空气中的杂质；减压阀用于稳定二次压力；油雾器使清洁的润滑油雾化后注入空气流中，对气动部件进行润滑。其图形符号如图 10-27(b) 所示。

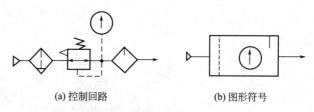

(a) 控制回路　　　　　　(b) 图形符号

图 10-27　二次压力控制回路

（3）高低压转换回路　图 10-28(a) 所示为高低压转换回路，该回路由两个减压阀分别调出 p_1、p_2 两种不同的压力，气动系统就能得到所需要的高压和低压输出，该回路适用于负载差别较大的场合。图 10-28(b) 是利用两个减压阀和一个换向阀构成的高低压力 p_1 和 p_2 的自动换向回路。

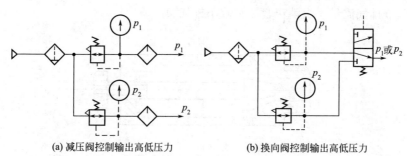

(a) 减压阀控制输出高低压力　　　　(b) 换向阀控制输出高低压力

图 10-28　高低压转换回路

（三）流量控制阀的识别与应用

在气压传动系统中，有时需要控制气缸的运动速度，有时需要控制换向阀的切换时间和气动信号的传递速度，这些都需要靠调节压缩空气的流量来实现。流量控制阀就是通过改变阀的通流截面积来实现流量控制的元件。流量控制阀包括节流阀、单向节流阀、排气节流阀和快速排气阀等。

1. 节流阀和单向节流阀

（1）节流阀　图 10-29 所示为圆柱斜切型节流阀。压缩空气由 P 口进入，经过节流后，由 A 口流出。旋转阀芯螺杆，就可改变节流口的开度，从而调节了压缩空气的流量。由于这种节流阀的结构简单、体积小，故应用范围较广。

（2）单向节流阀　单向节流阀是由单向阀和节流阀并联而成的组合式流量控制阀。如图 10-30(a) 所示，当气流由 P 口经节流阀向 A 口流动时，这时节流阀起节流调速作用；如图 10-30(b) 所示，气流由 A 口流向 P 口时，单向阀打开，此时节流阀不工作。单向节流阀常用于气缸的调速和延时回路。

2. 排气阀

（1）排气节流阀　排气节流阀是装在执行元件的排气口处，调节进入大气中气体流量的一种控制阀。它不仅能调节执行元件的运动速度，还常带有消声器件，所以也能起降低排气噪声的作用。

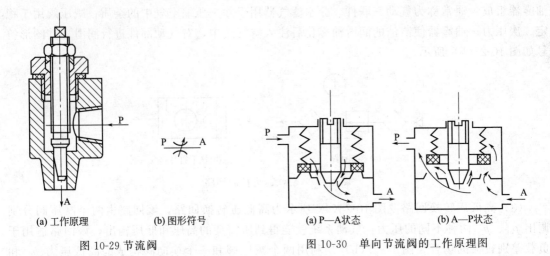

| (a) 工作原理 | (b) 图形符号 | (a) P—A状态 | (b) A—P状态 |

图 10-29 节流阀　　　　　　　图 10-30　单向节流阀的工作原理图

图 10-31 所示为排气节流阀工作原理。其工作原理和节流阀类似，靠调节节流口 1 处的通流面积来调节排气流量，由消声套 2 来减小排气噪声。

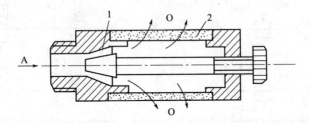

图 10-31　排气节流阀工作原理

1—节流口；2—消声套

应当指出，用流量控制的方法控制气缸内活塞的运动速度，采用气动控制比采用液压控制困难。特别是在极低速控制中，要按照预定行程变化来控制速度，只用气动很难实现。在外部负载变化很大时，仅用气动流量阀也不会得到满意的调速效果。为提高其运动平稳性，建议采用气液联动。

（2）快速排气阀　如图 10-32(a) 所示，进气口 P 进入压缩空气，并将密封活塞迅速上推，开启阀口 2，同时关闭排气口 O，使进气口 P 和工作口 A 相通。图 10-32(b) 是 P 口没有压缩空气进入时，在 A 口和 P 口压差作用下，密封活塞迅速下降，关闭 P 口，使 A 口通过 O 口快速排气。其图形符号如图 10-32(c) 所示。

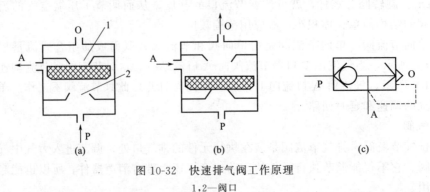

| (a) | (b) | (c) |

图 10-32　快速排气阀工作原理

1,2—阀口

快速排气阀常安装在换向阀和气缸之间，它使气缸的排气不用通过换向阀而快速排出，从而加速了气缸往复的运动速度，缩短了工作周期。

3.速度控制回路

速度控制回路就是通过调节压缩空气的流量，来控制气动执行元件的运动速度，使之保持在一定范围内的回路。

（1）单作用气缸速度控制回路　图 10-33 所示为单作用气缸速度控制回路，活塞两个方向的运动速度分别由两个单向节流阀调节。在图 10-33（a）中，活塞杆升、降均通过节流阀调速，两个反方向安装的单向节流阀，可分别实现供气节流和排气节流，从而控制活塞杆伸出和缩回的速度。图 10-33（b）所示的回路中，气缸上升时可调速，下降时则通过快速排气阀排气，使气缸快速返回。

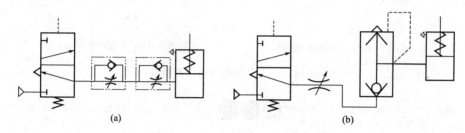

(a)　　　　　　　　　　　　　　　　(b)

图 10-33　单作用气缸速度控制回路

该回路的运动平稳性和速度刚度都较差，易受外负载变化的影响，故该回路适用于对速度稳定性要求不高的场合。

（2）双作用气缸速度控制回路　单向调速回路包括供气节流调速回路和排气节流调速回路。供气节流多用于垂直安装的气缸供气回路中，如图 10-34（a）所示。在水平安装的气缸的供气回路一般采用图 10-34（b）所示的排气节流调速回路，当气控换向阀不换向时（即图中所示位置），从气源来的压缩空气经气控换向阀直接进入气缸的 a 腔，而 b 腔排出的气体必须经过节流阀到气控换向阀而排入大气，因而 b 腔中的气体就有了一定的压力。此时活塞在 a 腔与 b 腔的压力差作用下前进，减少了"爬行"的可能性。调节节流阀的开度，就可控制不同的排气速度，从而也就控制了活塞的运动速度。排气节流回路具有气缸速度随负载变化较小、运动较平稳、能承受与活塞运动方向相同的负值负载等优点，所以应用较普遍。

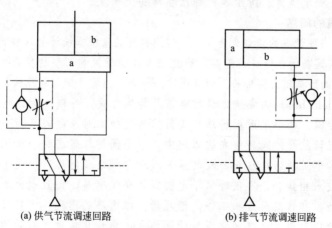

(a) 供气节流调速回路　　　　　　(b) 排气节流调速回路

图 10-34　双作用缸单向调速回路

如图 10-35（a）、（b）所示双向调速回路，可以通过两个单向节流阀或两个排气节流阀控制气缸伸缩的速度。

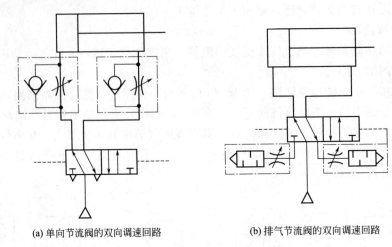

(a) 单向节流阀的双向调速回路　　　　　(b) 排气节流阀的双向调速回路

图 10-35　双作用缸双向调速回路

阀 岛 技 术

阀岛是集成化的电磁阀组合体，几个电磁阀拥有同一个进气源，而输出端是各自独立的。每个阀通常都是常闭的，一旦得到电控信号，电磁阀将打开，送出气动信号，以驱动执行元件。阀岛是新一代气电一体化控制元器件，已从最初带多针接口的阀岛发展为带现场总线的阀岛，继而出现可编程阀岛及模块式阀岛。

1. 带多针接口的阀岛

可编程控制器的输出控制信号、输入信号均通过一根带多针插头的多股电缆与阀岛相连，而由传感器输出的信号则通过电缆连接到阀岛的电信号输入口上。因此，可编程控制器与电控阀、传感器输入信号之间的接口简化为只有一个多针插头和一根多股电缆。与传统控制系统比较，采用多针接口阀岛后系统不再需要接线盒。同时，所有电信号的处理、保护功能（如极性保护、光电隔离、防水等）都已在阀岛上实现。

2. 带现场总线的阀岛

多针接口型阀岛使设备的接口大为简化，但用户还必须根据设计要求自行将可编程控制器的输入/输出口与来自阀岛的电缆进行连接，而且该电缆随着控制回路的复杂化而加粗，随着阀岛与可编程控制器间的距离增大而加长。为克服这一缺点，出现了带现场总线的新一代阀岛。

现场总线（Field bus）的实质是通过电信号传输方式，并以一定的数据格式实现控制系统中信号的双向传输。两个采用现场总线进行信息交换的对象之间只需一根两股或四股的电缆连接。在由带现场总线的阀岛组成的系统中，每个阀岛都带有一个总线输入口和总线输出口，当系统中有多个带现场总线阀岛或其他带现场总线设备时可以由近至远串联连接。阀岛技术和现场总线技术相结合，不仅确保了电控阀的布线容易，而且也大大地简化了复杂系统的调试、性能的检测和诊断及维护工作。带现场总线阀岛的出现标志着气电一体化技术的发展进入一个新的阶段，为气动自动化系统的网络化、模块化提供了有效的技术手段，因此近年来发展迅速。

为实现本项目的目标，请教师按照学习性工作任务单要求，依据任务实施过程分组组织任务实施，完成工作任务内容，并组织学生按要求完成任务实施记录。学习性工作任务单见表 10-1。

表 10-1　学习性工作任务单

任务名称：气动控制回路设计与组装调试	地点：实训室
专业班级：	学时：2 学时
第　　组，组长： 成员：	

一、工作任务内容

1. 设计一能够实现换向、锁紧、调速功能的气动回路，绘制回路图。

2 按照回路图在试验台上组装与调试气动回路。

3. 对照试验台分析回路工作过程。

二、教学资源

学习工作任务单、气动试验台及元器件、视频文件及多媒体设备。

三、有关通知事宜

1. 提前 10 分钟到达学习地点，熟悉环境，不得无故迟到和缺勤。

2. 带好参考书、讲义和笔记本等。

3. 班组长协助教师承担本班组的安全责任。

四、任务实施过程

1. 下达学习工作任务单。

2. 组织任务实施。

学生按要求自己设计特定功能的气动回路，绘制气动回路图，按照回路图在试验台上组装与调试，并分析回路工作过程；教师现场巡回指导。

3. 任务检查及评价。

(1)教师依据学生回路设计的可行性、回路绘制的规范与标准性、回答问题的准确性以及学生课堂表现进行综合评定。

(2)教师根据任务完成情况进行适当补充和讲解。

五、任务实施记录

1. 画出所设计的气动回路图。

2. 写出气动回路图工作过程。

3. 总结任务实施的收获与体会。

小组得分：	指导教师签字：

一、填空题

1. 气源装置为气动系统提供满足一定质量要求的压缩空气，它是气动系统的一个重要组成部分，气动系统对压缩空气的主要要求有：具有一定的_____，并具有一定的_____。因此必须设置一些除_____、_____和_____的辅助设备。

2. 空气压缩机的种类很多，按工作原理分_____和_____。选择空气压缩机的根据是气压传动系统所需要的_____和_____两个主要参数。

3. 气源装置中压缩空气净化设备一般包括：_____、_____、_____、_____。

4. 气动三大件是气动元件及气动系统使用压缩空气的最后保证，三大件是指_____、_____和_____。

5. 气动三大件中的分水滤气器的作用是滤去空气中的_____和_____，并将空气中_____的分离出来。

二、选择题

1. 当 a、b 两孔同时有气信号时，s 口才有信号输出的逻辑元件是（　　）；当 a 或 b 任一孔有气信号，s 口就有输出的逻辑元件是（　　）。

A. 与门　　　　　　　B. 禁门　　　　　　　C. 或门　　　　　　　D. 三门

2. 为保证压缩空气的质量，气缸和气马达前必须安装（　　）；气动仪表或气动逻辑元件前应安装（　　）。

A. 分水滤气器—减压阀—油雾器

B. 分水滤气器—油雾器—减压阀

C. 减压阀—分水滤气器—油雾器

D. 分水滤气器—减压阀

三、判断题

1. 气动三大件是气动元件及气动系统使用压缩空气质量的最后保证。其安装次序依进气方向为减压阀、分水滤气器、油雾器。　　　　　　　　　　　　　　（　　）

2. 在放气过程中，一般当放气孔面积较大、排气较快时，接近于绝热过程；当放气孔面积较小、气壁导热又好时，则接近于等温过程。　　　　　　　　　（　　）

四、简答题

1. 简述压缩空气净化设备及其主要作用。

2. 使用气动马达和气缸时应注意哪些事项？

3. 如题图 10-1 所示，有人设计一双手控制气缸往复运动回路，问此回路能否工作？为什么？如不能工作需要更换哪个阀？

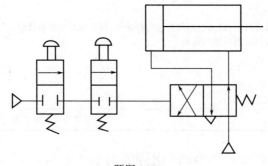

题图 10-1

项目十一　机械手气动系统分析

【项目描述】

机械手是近几十年发展起来的一种高科技自动化生产设备。它的特点是可通过编程来完成各种预期的作业任务，在构造和性能上兼有人和机器的优点，尤其体现了人的智能和适应性。机械手作业的准确性和各种环境中完成作业的能力，在国民经济各领域有着广阔的发展前景。本项目通过分析物料抓取机械手的结构、工作过程及其气动系统，使学生掌握分析气压传动系统的基本方法与步骤，进而能够设计、组装与调试简单的气动系统。

【项目目标】

知识目标：

① 了解气压系统的特点与应用。

② 了解气动系统的组成与各元件之间的作用。

③ 掌握机械手气动系统的工作原理与工作过程。

能力目标：

① 能阅读和分析气压传动系统图。

② 会分析气动系统工作过程。

③ 会进行气动系统的设计、组装与调试。

【相关知识】

我国国家标准（GB/T 12643—2013）对机械手的定义："具有和人手臂相似的动作功能，可在空间抓放物体，或进行其他操作的机械装置。"机械手最早应用在汽车制造工业，常用于焊接、喷漆、上下料和搬运。机械手扩大了人的手足和大脑功能，它可替代人从事危险、有害、有毒、低温和高热等恶劣环境中的工作；代替人完成繁重、单调的重复劳动，提高劳动生产率，保证产品质量。目前主要应用于制造业中，特别是电器制造、汽车制造、塑料加工、通用机械制造及金属加工等工业。机械手与数控加工中心，自动搬运小车与自动检测系统可组成柔性制造系统（FMS）和计算机集成制造系统（CIMS），实现生产自动化。随着生产的发展，功能和性能的不断改善和提高，机械手的应用领域日益扩大。

工业机械手主要由执行机构、驱动机构、控制系统以及位置检测装置等部分组成。机械手的驱动机构主要有四种：液压驱动、气压驱动、电气驱动和机械驱动。气压传动机械手是以压缩空气的压力来驱动执行机构运动的机械手。其主要特点是：气源使用方便，输出力小，气动动作灵活迅速，结构简单，成本低，不污染环境，工作安全可靠、操作维修简便以及适于在恶劣环境下工作。但是，由于空气具有可压缩的特性，工作速度的稳定性较差，冲击大，而且气源压力较低，抓重一般在30kg以下，在同样抓重条件下它比液压机械手的结构大，所以适用于高速、轻载、高温和粉尘大的环境中进行工作。

一、物料抓取机械手结构

本任务以物料或工件抓取机械手为例分析机械手气动系统，机械手结构如图 11-1 所示，该机械手为四自由度气压式圆柱坐标型机械手，主要由基座（旋转气缸）、立柱垂直手臂（升降气缸）、机械手横臂（伸缩气缸）、气爪（机械手）等部分组成。本机械手的全部动作由气缸驱动，气缸由电磁阀控制。驱动部分有升降气缸、伸缩气缸和手部驱动气缸。

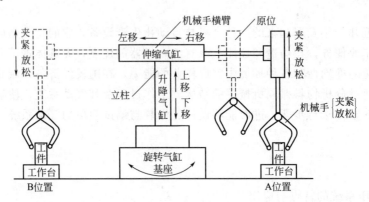

图 11-1　物料抓取机械手结构

二、物料抓取机械手工作过程

本机械手采用气压驱动，使用的压力为 0.6MPa，最高可达 1MPa。这个机械手具有三个直线运动自由度和一个旋转自由度，用于将工作台上的物料或工件从基座右侧 A 位置搬到基座左侧工作台 B 位置上。机械手的全部动作由气缸驱动，气缸由电磁阀控制，整个机械手在工作中能实现上升/下降、顺时针旋转 180°/逆时针旋转 180°、伸出/缩回、夹紧/放松功能，是目前较为简单的、应用比较广泛的一种机械手。气爪部是通过气缸、弹簧的作用来夹持物品，夹持力是靠调节弹簧的预压缩量来调整。

机械手抓取物料的动作过程为：①在原位向右移动外伸（由机械手横臂伸缩气缸控制）—②下降（由立柱的升降气缸控制，下降过程中手指始终张开一定的角度，以保证不会触碰到物料）—③抓取物料（由手部夹紧气缸完成）—④上升（由立柱升降气缸完成）—⑤顺时针旋转 180°（由基座旋转气缸控制）—⑥下降（由立柱的升降气缸控制，下降过程中手指始终夹紧，以保证物料不会掉落）—⑦松开（由手部夹紧气缸完成）—⑧上升（由立柱升降气缸完成）—⑨向右移动缩回（由机械手横臂伸缩气缸控制）—⑩逆时针旋转 180°返回原位（由基座旋转气缸控制）。机械手的工作流程如图 11-2 所示。

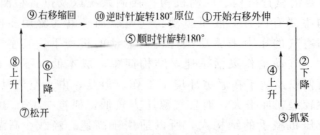

图 11-2　工作流程

三、机械手气动系统

图 11-3 为物料抓取机械手气动系统原理图，具体控制、动作过程如下：

（1）右移外伸：首先 1YA 通电，经过初次净化处理后储藏在气罐 5 中的压缩空气，经空气干燥器 6、空气过滤器 7、减压阀 8 和油雾器 9 及气控换向阀 11，进入伸缩气缸 23 的左腔，推动活塞右移，实现外伸运动，直到定位至限位开关 X12 位置。

（2）下降：1YA 断电，3YA 通电，压缩空气经气控换向阀 12 进入升降气缸 24 的左腔，推动活塞右移，实现下降运动，直到定位至限位开关 X22 位置。

（3）夹紧：3YA 断电，5YA 通电，压缩空气经气控换向阀 13 进入夹紧、放松气缸 25 的左腔，推动活塞右移，直到定位至限位开关 X32 位置，实现夹紧操作。

（4）上升：5YA 断电，4YA 通电，压缩空气经气控换向阀 12 换向后进入升降气缸 24 的右腔，推动活塞左移，实现上升运动，直到定位至限位开关 X21 位置。

（5）顺时针旋转 180°：4YA 断电，7YA 通电，压缩空气经气控换向阀 14 后进入旋转气缸 26，实现顺时针旋转 180°动作。

（6）下降：7YA 断电，3YA 通电，压缩空气经气控换向阀 12 进入升降气缸 24 的左腔，推动活塞右移，实现下降运动，直到定位至限位开关 X22 位置。

（7）松开：3YA 断电，6YA 通电，压缩空气经气控换向阀 13 换向后进入夹紧、放松气缸 25 的右腔，推动活塞左移，直到定位至限位开关 X31 位置，实现松开物料操作。

（8）上升：6YA 断电，4YA 通电，压缩空气经气控换向阀 12 换向后进入升降气缸 24 的右腔，推动活塞左移，实现上升运动，直到定位至限位开关 X21 位置。

（9）右移缩回：4YA 断电，2YA 通电，压缩空气经气控换向阀 11 换向后进入伸缩气缸 23 的右腔，推动活塞左移，实现缩回运动，直到定位至限位开关 X11 位置。

（10）逆时针旋转 180°返回原位：2YA 断电，8YA 通电，压缩空气经气控换向阀 14 换

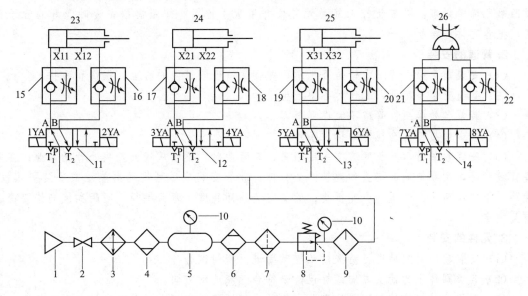

图 11-3　物料抓取机械手气动系统原理图

1—气源；2—截止阀；3—冷却器；4—分水排水器；5—气罐；6—空气干燥器；7—空气过滤器；8—减压阀；

9—油雾器；10—压力计；11～14—换向阀；15～22—单向节流阀；

23—伸缩气缸；24—升降气缸；25—夹紧、放松气缸；26—旋转气缸

向后进入旋转气缸 26，实现逆时针旋转 180°返回原位运动，这样完成了一个周期的物料抓取动作。

知识拓展

一、气动系统的安装与调试

气动系统的安装不是简单地用管子把各种阀连接起来，安装实际上是设计的延续。作为一种生产设备它首先应保证运行可靠、布局合理、安装工艺正确、检测维修方便。目前气动系统的安装一般采用紫铜管卡套式连接和尼龙软管快插式连接两种，快插式接头拆卸方便，一般用于产品试验阶段或一些简易气动系统；卡套式接头安装牢固可靠，一般用于定型产品。

（一）气动系统的安装

1. 安装步骤

（1）审查气动系统设计。首先要充分了解控制对象的工艺要求，根据其要求对系统图进行逐路分析，然后确定管接头的连接形式，既要考虑现在安装时经济快捷，也要考虑将来整体安装好后中间单个元件拆卸维修更换方便。另外，在达到同样工艺要求的前提下应尽量减少管接头的用量。

（2）模拟安装。首先必须按图核对元件的型号和规格，然后卸掉每个元件进出口的堵头，在各元件上初拧上端直通或端直角管接头，认清各气动元件的进出口方向。接着，把各元器件按气动系统线路平铺在工作台上，再量出各元件间所需管子的长度，长度选取要合理，要考虑电磁阀接线插座拆卸、接线和各元件以后更换的方便。

（3）正式安装。根据模拟安装的工艺，拧下各元器件上的端直通，在端直通接头上包上聚四氟乙烯密封带，再重新拧入气动元件内并用扳手拧紧。按照模拟安装时选好的管子长度，把各元件连接起来。

2. 管道的安装

（1）安装前要检查管道内壁是否光滑，并彻底清理管道内的粉尘、铁锈和污物。

（2）管道支架要牢固，工作时不得产生振动。

（3）装紧各处接头、管道不允许漏气。

（4）管道焊接应符合规定的标准条件。

（5）安装软管时，其长度应有一定余量；在弯曲时，不能从端部接头处开始弯曲；在安装直线段时，不要使端部接头和软管间受拉伸；软管安装应尽可能远离热源或安装隔热板；管路系统中任何一段管道均应能拆装；管道安装的倾斜度、弯曲半径、间距和坡向均要符合有关规定。

3. 元件的安装

（1）安装前应对元件进行清洗，必要时要进行密封试验。

（2）各类阀体上的箭头方向或标记，要符合气流流动方向。

（3）逻辑元件应按控制回路的需要，将其成组地装于底板上，并在底板上引出气路，用软管接出。

（4）密封圈不要装得太紧，特别是 V 形密封圈，由于阻力特别大，所以松紧要合适。

（5）移动缸的中心线与负载作用力的中心线要同心否则引起侧向力，使密封件加速磨损，活塞杆弯曲。

（6）各种自动控制仪表、自动控制器、压力继电器等，在安装前应进行校验。

（二）液压系统的调试

1. 调试前的准备工作

（1）要熟悉说明书等有关技术资料，力求全面了解系统的原理、结构、性能及操纵方法。

（2）了解需要调整的元件在设备上的实际位置、操纵方法及调节旋钮的旋向等。

（3）按说明书的要求准备好调试工具、仪表、补接测试管路等。

2. 空载试运转

空载试运转不得少于 2h，注意观察压力、流量、温度的变化。如果发现异常现象，应立即停车检查，待排除故障后才能继续运转。

3. 负载试运转

负载试运转应分段加载，运转不得少于 4h，要注意摩擦部位的温升变化，分别测出有关数据，记入试运转记录。

二、气动系统的使用与维护

气动系统设备使用中，如果不注意维护保养工作，可能会频繁发生故障和元件过早损坏，装置的使用寿命就会大大降低，造成经济损失，因此必须给以足够的重视。在对气动装置进行维护保养时，要有针对性，及时发现问题，采取措施，这样可减少和防止大故障的发生，延长元件和系统的使用寿命。

要使气动设备能按预定的要求工作。维护工作必须做到：保证供给气动系统的压缩空气足够清洁干燥；保证气动系统的气密性良好；保证润滑元件得到良好的润滑；保证气动元件和系统的正常工作条件。

维护工作可以分为日常性的维护工作和定期的维护工作。前者是指每天必须进行的维护工作，后者可以是每周、每月或每季度进行的维护工作。维护工作应记录在案，便于今后的故障诊断和处理。工厂企业应制订气动设备的维护保养管理规范，严格管理。

（一）气动系统使用时注意事项

（1）开车前、后要放掉系统中的冷凝水并在开车前检查各调节旋钮是否在正确位置，行程阀、行程开关、挡块的位置是否正确、牢固。对导轨、活塞杆等外露部分的配合表面进行擦拭。

（2）随时注意压缩空气的清洁度，对分水滤气器的滤芯要定期清洗并定期给油雾器加油。

（3）设备长期不使用时，应将各旋钮放松，以免弹簧失效而影响元件性能。

（4）熟悉元件控制机构操作特点，严防调节错误造成事故。要注意各元件调节旋钮的旋向与压力、流量大小变化的关系。

（二）压缩空气的污染及预防

压缩空气的质量对气动系统性能影响极大，它如被污染将使管道和元件锈蚀、密封件变形、堵塞喷嘴，使系统不能正常工作。压缩空气的污染主要来自水分、油分和粉尘三个方面。

1. 水分

空气压缩机吸入的是含水的湿空气，经压缩后提高了压力，当再度冷却时就要析出冷凝水，侵入到压缩空气中致使管道和元件锈蚀，影响其性能。

防止冷凝水侵入压缩空气的方法是：及时排除系统各排水阀中积存的冷凝水；经常注意自动排水器、干燥器的工作是否正常；定期清洗分水滤气器、自动排水器的内部元件等。

2. 油分

这里指使用过的，因受热而变质的润滑油。压缩机所使用的一部分润滑油呈雾状混入到压缩空气中，受热后引起汽化，随压缩空气一起进入系统，使密封件变形，造成空气泄漏，摩擦阻力增大，阀和执行元件动作不良，而且还会污染环境。

清除压缩空气中油分的方法有：对较大的油分颗粒，通过油水分离器和分水滤气器的分离作用同空气分开，从设备底部排污阀排除。对较小的油分颗粒，则可通过活性炭的吸附作用清除。

3. 粉尘

大气中含有的粉尘、管道内的锈粉及密封材料的碎屑等侵入到压缩空气中，将引起运动件卡死、动作失灵、堵塞喷嘴、加速元件磨损、降低使用寿命、导致故障发生，严重影响系统性能。

防止粉尘侵入压缩空气的主要方法是：经常清洗空气压缩机前的预过滤器；定期清洗分水滤气器的滤芯；及时更换滤清元件等。

（三）气动系统的日常维护

气压传动系统的日常维护主要是对冷凝水的管理和对系统润滑的管理。

1. 对冷凝水的管理

冷凝水排放涉及整个气动系统，从空压机、后冷却器、气罐、管道系统直到各处空气过滤器、干燥器和自动排水器等。在作业结束时，应当将各处冷凝水排放掉，以防夜间温度低于0℃，导致冷凝水结冰。由于夜间管道内温度下降，会进一步析出冷凝水，故气动装置在每天运转前，也应将冷凝水排出。要注意查看自动排水器是否工作正常，水杯内不应存水过量。

2. 系统润滑的管理

气动系统中从控制元件到执行元件，凡有相对运动的表面都需要润滑。如果润滑不当，会使摩擦阻力增大，导致元件动作不良，或因密封面磨损引起系统泄漏等。

润滑油的性质将直接影响润滑效果。通常，高温环境下用高黏度润滑油，低温环境下用低黏度润滑油，如果温度特别低，为克服起雾困难可在油杯内装加热器。供油量是随润滑部位的形状、运动状态及负载大小而变化的。供油量总是大于实际需要量。要注意油雾器的工作是否正常，如果发现油量没有减少，需要及时调整滴油量，经调整无效后，需检修或更换油雾器。

（四）气压系统的定期检修

定期检修的时间间隔通常为3～4个月。其主要内容有：

（1）查明系统各泄漏部位，并设法予以解决。

（2）通过对方向控制阀排气口的检查，判断润滑油量是否适度，空气中是否有冷凝水。如果润滑不良，考虑油雾器规格是否合适，安装位置是否恰当，滴油量是否正常等。如果有大量冷凝水排出，考虑过滤器的安装位置是否恰当，排除冷凝水的装置是否合适，冷凝水的排除是否彻底。如果方向控制阀排气口关闭时，仍有少量泄漏，往往是元件锁上的初期阶段，检查后可更换磨损件以防止发生动作不良。

（3）检查安全阀、紧急安全开关动作是否可靠。定期检修时，必须确认其动作的可靠性，以确保设备和人身安全。

（4）观察换向阀的动作是否可靠。根据换向时声音是否异常，判定铁芯和衔铁配合处是否有杂质。检查阀芯是否有磨损，密封件是否老化。

（5）反复开关换向阀，观察气缸动作，判断活塞上的密封是否良好。检查活塞杆外露部分，判定前盖的配合处是否有泄漏。

上述各项检查和修复的结果应记录下来，以作为设备出现故障查找原因和设备大修时使用。气压系统的大修间隔期为一年或几年。其主要内容是检查系统各元件和部件，判定其性能和寿命，并对平时产生故障的部位进行检修或更换元件，排除修理间隔期内一切可能产生故障的因素。

任务实施

为实现本项目的目标，请教师按照学习性工作任务单要求，依据任务实施过程分组组织任务实施，完成工作任务内容，并组织学生按要求完成任务实施记录。学习性工作任务单见表 11-1。

表 11-1　学习性工作任务单

任务名称：三自由度气动搬运机械手气动回路设计、连接	地点：实训室
专业班级：	学时：4 学时
第____组，组长：　　　　成员：	

一、工作任务内容

参照图 11-4 三自由度气动搬运机械手结构图和图 11-5 工作流程图，设计能够实现伸缩、升降、抓取功能的三自由度气动搬运机械手气动系统。

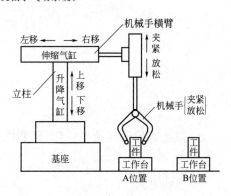

图 11-4　三自由度气动搬运机械手结构图　　图 11-5　三自由度气动搬运机械手工作流程图

二、教学资源

学习工作任务单、液气压辅助装置实物、实验台、视频文件及多媒体设备。

三、有关通知事宜

1. 提前 10 分钟到达学习地点，熟悉环境，不得无故迟到和缺勤。

2. 带好参考书、讲义和笔记本等。

3. 班组长协助教师承担本组的安全责任。

四、任务实施过程

1. 下达学习工作任务单。

2. 组织任务实施。

通过查阅设计手册等参考资料,按照工作任务内容设计一个气动控制系统,并利用实验实训室的气压元器件连接组装气动系统,并调试运行。

3. 任务检查及评价。

(1)教师依据学生操作的规范性、回答问题的准确性以及学生课堂表现进行综合评定。

(2)教师根据任务完成情况进行适当补充和讲解。

五、任务实施记录

1. 列出符合任务单设计要求的气压元件的名称、型号、简化图形符号。

2. 画出自己设计的气动系统图,并写出工作过程。

3. 连接组装气动回路,并调试运行。

小组得分:	指导教师签字:

巩固练习

一、填空题

1. 机械手可分为_____和_____两种。

2. 工业机械手主要由_____、_____、_____以及位置检测装置等部分组成。

3. 机械手的驱动机构主要有四种:_____、_____、_____和机械驱动。

4. 气压传动机械手是以_____来驱动执行机构运动的机械手。

5. 目前气动系统的安装一般采用_____连接和_____连接两种。

6. 气压传动系统的日常维护主要是对_____的管理和对_____的管理。

7. 防止粉尘侵入压缩空气的主要方法是:经常清洗_____;定期清洗分水滤气器的滤芯;及时更换_____等。

二、选择题

1. 机械手气动系统属于(　　)行程程序控制回路。

A. 多缸单往复　　　　　　　　　　　　B、多缸多往复

2. 下列不属于气动传动技术的特点是(　　)。

A. 来源方便、系统简单

B. 可以实现精确的传动,定位准确

C. 压力损失小、适于集中供气和远距离输送

D. 可实现无级变速

3. 气压传动中方向控制阀是用来(　　)。

A. 调节压力　　　　　　　　　B. 截止或导通气流　　　C. 调节执行元件的气流量

4. 三自由度气动机械手的气动系统由(　　)个气缸组成。

A. 4个　　　　　　　　B. 3个

5.(　　)的内容是:冷凝水排放、检查润滑油和空压机系统的管理。

A、日常维护　　　　　B、经常性维护　　　　C. 故障排除

三、判断题

1. 通常,高温环境下用高黏度润滑油,低温环境下用低黏度润滑油。　　　　　(　　　)

2. 老化故障根据元件的使用寿命是可以预测的。　　　　　　　　　　　　　(　　　)

3. 气缸输出力不足、运动不平稳一般是由泄漏造成的。　　　　　　　　（　　）

4. 工作要求是指系统的工作环境、动作、速度、精度等方面的要求。　　（　　）

5. 保证给气动系统清洁干燥的压缩空气是维护保养的中心任务之一。　　（　　）

四、简答题

1. 气动机械手的特点有哪些？

2. 机械手替代人的优势有哪些？

3. 气动传动系统调试工作有哪些？

4. 气动系统使用时注意事项有哪些？

5. 气压传动系统的定期检修有哪些？

附录 常用液压与气动元(辅)件图形符号

(摘自 GB/T 786.1—2009)

附表 1 符号要素、管路和连接

名　称	图形符号	名　称	图形符号
液压源		组合元件线	
气压源		连接管路	
工作管路		交叉管路	
可调性		柔性管路	
控制管路		电气	

附表 2 控制方法

名　称	图形符号	名　称	图形符号
加压或卸压控制		液压先导加压控制	
外部压力控制		踏板式人力控制	
内部压力控制		单向滚轮式机械控制	
按钮式人力控制		顶杆式机械控制	
手柄式人力控制		弹簧式机械控制	
滚轮式机械控制		气压先导加压控制	
单作用电磁控制		液压先导卸压控制	
双作用电磁控制		电-液先导加压控制	
外部电反馈控制		电-气先导加压控制	

名　称	图形符号	名　称	图形符号
液压泵(一般符号)		双向定量液压泵	
空气压缩机		单向变量液压泵	
单向定量液压泵		双向变量液压泵	

附表 4 液压（气）马达

名　称	图形符号	名　称	图形符号
气马达(一般符号)	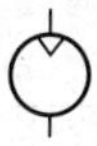	单向变量马达	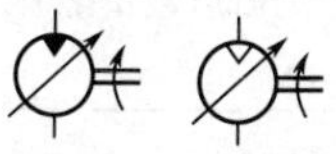
单向定量马达	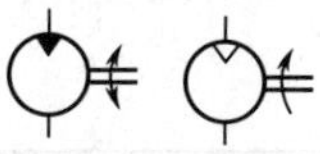	双向变量马达	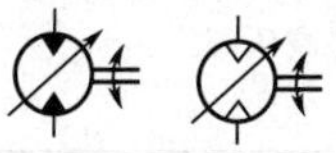
双向定量马达	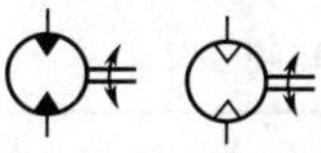	摆动马达	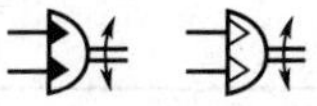

附表 5 液压（气）缸

名　称	图形符号	名　称	图形符号
单作用伸缩缸	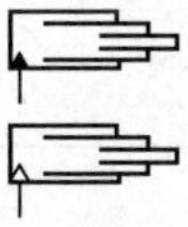	单向缓冲液压(气)缸	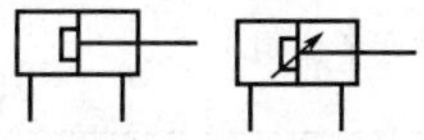 (不可调)　(可调)
双作用伸缩缸	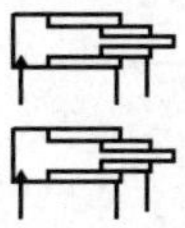	双向缓冲液压(气)缸	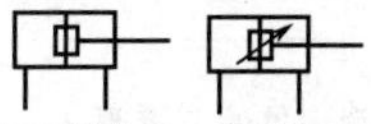 (不可调)　(可调)
单作用弹簧复位缸	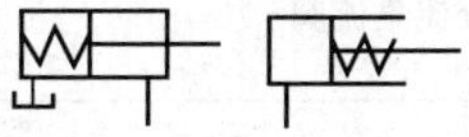	单作用单活塞杆液压(气)缸	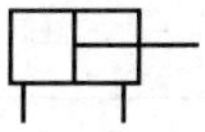
增压缸(器)	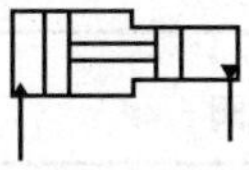	双作用双活塞杆液压(气)缸	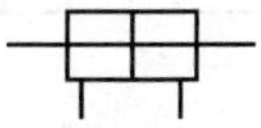

附表 6 压力控制阀

名　称	图形符号	名　称	图形符号
直动型溢流阀	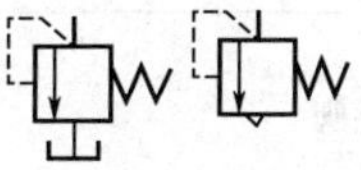	先导型比例电磁溢流阀	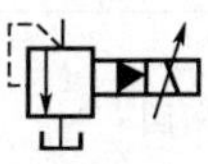
先导型溢流阀	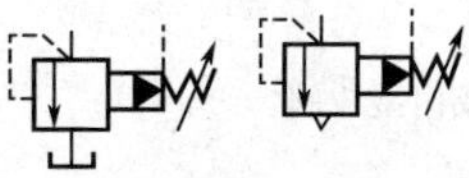	卸荷溢流阀	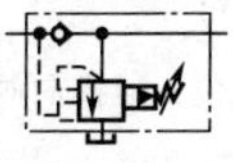

名 称	图形符号	名 称	图形符号
直动型顺序阀		溢流减压阀	
直动型减压阀		先导型顺序阀	
先导型减压阀		单向顺序阀(平衡阀)	
定比减压阀(减压比 1/3)		直动型卸荷阀	
定差减压阀		制动阀	

附表 7　流量控制阀

名 称	图形符号	名 称	图形符号
不可调节流阀		旁通型调速阀	
可调节流阀		单向调速阀	
可调单向节流阀		分流阀	
带消声器的节流阀		集流阀	
调速阀		分流集流阀	
温度补偿型调速阀		减速阀	

附表 8　方向控制阀

名 称	图形符号	名 称	图形符号
单向阀		电动二位三通换向阀	
液控单向阀		截止阀	
手动二位二通换向阀		或门型梭阀	

名　称	图形符号	名　称	图形符号
与门型梭阀		三位四通换向阀	
快速排气阀		四通电液伺服阀	
液动二位五通换向阀		双向液压锁	

附表 9　辅助元件

名　称	图形符号	名　称	图形符号
空气过滤器	(人工排出)(自动排出)	油雾器	
过滤器		气源调节装置	
带磁性滤芯过滤器		消声器	
带污染指示过滤器		压力表	
冷却器		液位计	
加热器		气罐	
压力继电器		电动机	
分水排水器	(人工排出)(自动排出)	流量计	
通大气式油箱		蓄能器	
空气干燥器		原动机(电动机除外)	

参 考 文 献

[1] 张勤，徐刚涛. 液压与气压传动技术 [M]. 北京：高等教育出版社，2015.

[2] 周进民，杨成刚. 液压与气动技术 [M]. 北京：机械工业出版社，2012.

[3] 牟志华，张海军. 液压与气动技术 [M]. 北京：中国铁道出版社，2010.

[4] 顾力平. 液压与气动技术 [M]. 北京：中国建材工业出版社，2012.

[5] 金英姬. 液压与气动技术应用 [M]. 北京：化学工业出版社，2009.

[6] 李茹，李军利. 液压与气压传动技术 [M]. 武汉：华中科技大学出版社，2014.

[7] 党华. 煤矿机电设备的机液气控制 [M]. 北京：化学工业出版社，2014.

[8] 刘建明，何伟利. 液压与气压传动 [M]. 北京：机械工业出版社，2014.

[9] 王怀奥，尹霞，姚杰. 液压与气压传动 [M]. 武汉：华中科技大学出版社，2012.

[10] 陈桂芳. 液压与气动技术 [M]. 北京：北京理工大学出版社. 2008.

[11] 张群生. 液压与气压传动 [M]. 北京：机械工业出版社，2011.

[12] 袁承训. 液压与气压传动 [M]. 北京：机械工业出版社，2005.

[13] 季明善. 液气压传动 [M]. 北京：机械工业出版社，2012.

[14] 宋正和，曹燕. 液压与气动技术 [M]. 北京：北京交通大学出版社，2012.

[15] 冷更新，张雨新. 液压与气动控制技术 [M] 北京：电子工业出版社，2016.

[16] 张虹. 液压与气压传动 [M]. 北京：电子工业出版社，2016.

[17] 李茹，李军利. 液压与气压传动技术 [M]. 武汉：华中科技大学出版社，2014.

[18] 季明善. 液气压传动 [M]. 北京：机械工业出版社，2012.

[19] 刘合群，王兰芳，王志满. 液压与气压传动 [M]. 武汉：华中科技大学出版社，2013.

[20] 明仁雄，万会雄. 液压与气压传动 [M]. 北京：国防工业出版社，2003.

[21] 左健民. 液压与气压传动 [M]. 北京：机械工业出版社，2005.

[22] 张利平. 液压阀原理、使用与维护 [M]. 北京：化学工业出版社，2005.

[23] 宋锦春，苏东海，张志伟. 液压与气压传动 [M]. 北京：科学出版社，2006.